MANUEL

D'ORNITHOLOGIE.

AVIS DE L'ÉDITEUR.

—

M. Temminck, ayant encore à retoucher la deuxième partie du supplément à son *Manuel d'Ornithologie*, s'est décidé, pour satisfaire, autant qu'il lui est possible, les désirs exprimés par un grand nombre d'ornithologistes, à faire paraître provisoirement le commencement de ce supplément, correspondant au premier volume dudit ouvrage, et prenant rang comme *troisième partie*.

Nous avons d'ailleurs l'espoir fondé de pouvoir publier, dans le courant de la présente année 1835, la *quatrième* et dernière *partie* du *Manuel*, laquelle correspondra au tome second. Cette quatrième partie, dont la pagination continuera celle du volume que nous mettons en vente aujourd'hui (ce qui permettra plus tard aux ornithologistes de réunir les deux volumes en un), sera accompagnée d'une *table des matières* indiquant la corrélation des pages des premiers volumes et des deux parties complémentaires, et d'une *liste des auteurs nouvellement cités*, avec l'explication des abréviations employées pour désigner les titres de leurs ouvrages.

PARIS. — IMPRIMERIE DE CASIMIR,
rue de la Vieille-Monnaie, n° 12.

MANUEL
D'ORNITHOLOGIE,

OU

TABLEAU SYSTÉMATIQUE

DES OISEAUX QUI SE TROUVENT EN EUROPE;

PRÉCÉDÉ

D'UNE ANALYSE DU SYSTÈME GÉNÉRAL D'ORNITHOLOGIE,

ET SUIVI

D'UNE TABLE ALPHABÉTIQUE DES ESPÈCES;

PAR C.-J. TEMMINCK,

MEMBRE DE PLUSIEURS ACADÉMIES ET SOCIÉTÉS SAVANTES.

SECONDE ÉDITION,

CONSIDÉRABLEMENT AUGMENTÉE ET MISE AU NIVEAU
DES DÉCOUVERTES NOUVELLES.

TROISIÈME PARTIE.

A PARIS,

CHEZ EDMOND D'OCAGNE, ÉDITEUR-LIBRAIRE,
12, RUE DES PETITS-AUGUSTINS.

AVRIL 1835.

INTRODUCTION

A

CETTE TROISIÈME PARTIE.

———

L'accueil flatteur que les ornithologistes de tous les pays ont bien voulu faire à la seconde édition du MANUEL D'ORNITHOLO- GIE, et l'empressement avec lequel se demande le supplément ou la troisième partie de cet ouvrage, annoncé depuis long-temps dans les catalogues des livres sous presse, ne m'ont point fait illusion : je sais apprécier l'honneur qu'on veut bien me faire. Pour répondre à cette attente du public, j'ai dû retarder l'im- pression, afin de consacrer plus de temps et de soin à ce travail supplémentaire, destiné non-seulement à la description

PARTIE IIIe   *a*

des oiseaux peu connus, ou qui ont échappé jusqu'ici aux observations des naturalistes, mais entrepris aussi dans l'espoir de réparer quelques erreurs et des omissions dont j'accuse les deux premières parties de ce travail.

Dans l'intérêt de l'ornithologie, il ne s'agit pas seulement d'ajouter des espèces au catalogue des oiseaux observés en Europe ; ce travail ne demande point un temps bien long : les espèces qui visitent périodiquement, ou seulement accidentellement, le sol européen, et qui ne se trouvent point classées dans la seconde édition du Manuel publiée en 1820, sont du nombre des oiseaux peu étudiés ; les observations faites sur les mœurs, les habitudes et la nourriture de ces espèces ne reposent point encore sur des renseignemens exacts et nombreux ; toute leur histoire se borne donc au signalement des couleurs du plumage et à quelques données peu intéressantes relativement aux lieux où elles ont été trouvées : il était plus important de ne point laisser subsister d'erreurs, et d'épurer autant qu'il me serait possible les premières parties de ce livre des omissions qu'on avait pu remarquer à l'aide d'un examen sévère. L'analyse du système d'ornithologie exigeait aussi une révision devenue nécessaire, afin de la mettre au niveau des progrès obtenus depuis 1820 par l'étude de cabinet, et par les matériaux intéressans que les découvertes, dans les contrées peu explorées sous le rapport de la zoologie, nous fournissent. Grâces aux voyageurs intrépides que nos gouvernemens européens continuent d'envoyer dans toutes les directions du globe, cette partie de l'étude de la nature donne chaque jour, au profit de l'histoire naturelle, une riche moisson à explorer.

Le travail préliminaire indispensable à ces deux améliorations ne pouvait avoir lieu sans le concours d'observations mises long-temps à l'épreuve, et souvent renouvelées. Pour juger du degré de con-

fiance que méritaient mes descriptions,
je n'ai pas cru devoir m'en rapporter
seulement au résultat de mes observations : m'adressant aux ornithologistes
les plus recommandables, j'ai sollicité de
leur complaisance la critique sévère de la
nouvelle édition, et la communication des
observations nouvelles qu'ils pourraient
avoir été à même d'établir. Mes amis ont
répondu à cet appel, et j'en témoigne ici
ma reconnaissance à tous ceux qui ont
bien voulu concourir à cette nouvelle
œuvre.

Comme j'ai toujours attaché beaucoup
de prix aux observations faites sur la nature,
il m'était pénible de prendre la résolution
d'intercaler dans cet ouvrage un grand
nombre d'espèces nouvelles sur lesquelles
il m'avait été impossible de rassembler,
par des observations suivies, des renseignemens positifs relativement à la manière de vivre, à la nourriture et au
passage périodique ou accidentel. Mon
intention était de ne publier cette troisième

partie qu'après mon retour des voyages
que je projêtais dans le temps, mais qu'il
m'a été impossible de réaliser. A défaut
de matériaux rassemblés par moi, je pré-
sumais pouvoir atteindre le but désiré en
chargeant un autre à ma place de ces
recherches dans les contrées européennes
encore peu visitées par des naturalistes.

Notre gouvernement, toujours empres-
sé de souscrire à toutes les vues utiles et
aux tentatives faites dans un but d'intérêt
scientifique, voulut bien me fournir les
moyens de réaliser cette entreprise, et me
laisser le choix de la personne destinée à
l'accomplir.

M. Cantraine, naturaliste très-zélé, et
qui s'était particulièrement voué à l'étude
pratique des sciences naturelles, reçut la
commission de parcourir et d'explorer la
Sardaigne, la Sicile, l'Italie, la Dalmatie,
les îles Ioniennes et la Grèce : après avoir
visité les parties méridionales, il devait
revenir par l'orient en parcourant toute
la Russie européenne, et opérer son retour

par le nord. Seulement une bien petite partie, la moins intéressante de ce plan de campagne scientifique, a pu être réalisée : les dissensions, les troubles dans le Levant, et les événemens politiques qui ont étendu leur fatale influence sur nos contrées, jadis si florissantes par l'industrie et par le commerce, ont mis un terme à la munificence du gouvernement, et ont fait ajourner à des temps plus propices une entreprise qui n'a pu être poussée que jusqu'à l'Adriatique.

J'avoue aussi que l'arrangement systématique, ou plutôt la coupe du système en genres, m'a tenu long-temps en suspens. Il coûte sans doute bien peu de faire des genres ; nous en voyons les preuves chaque jour, tout le monde s'en mêle; une nouvelle coupe n'est pas plus tôt proposée, qu'elle est déjà suivie d'une série de genres nouveaux, le plus souvent établie, seulement, sur l'examen des dépouilles des animaux.

Ma manière de voir dans cette partie

de l'étude diffère peut-être assez de celle qu'on semble vouloir mettre à l'ordre du jour, pour que je puisse me permettre de communiquer mes idées à ce sujet. Je dois répondre avant tout à ceux qui me supposent en opposition aux coupes méthodiques plus nombreuses que celles proposées par Linné et ses disciples.

Le naturaliste suédois, fondateur de la classification méthodique, s'il vivait de nos jours, aurait dû conformer son écha-faudage artificiel aux progrès rapides que les connaissances ont faites. Linné, se-condé de son vaste génie, n'aurait pas composé le Système de la nature s'il eût eu de son temps, sous les yeux, les ma-tériaux immenses qui nous environnent, et qui s'accumulent de jour en jour davan-tage autour de nous ; ce grand homme aurait senti la nécessité de concentrer ses idées dans l'enceinte plus limitée d'une seule des classes des trois règnes de la nature, qu'il put embrasser toutes dans un temps où l'étude de cette science n'en était

encore qu'à son premier essai, basé sur le
très-petit nombre d'êtres alors connus :
Linné eût pu sans peine élargir le cadre
de sa classification méthodique. Voilà
précisément ce qu'il convient de faire
lorsque les besoins de la science l'exigent.
Linné se trouva souvent conduit sur la
voie de l'erreur , soit par des réunions
mal vues d'espèces disparates dans un
même groupe, soit par une confiance trop
grande dans les travaux de ses contemporains. Avant de classer, il aurait dû connaître ; au lieu de compiler , il eût mieux
fait de suivre l'inspiration de son génie ,
qui le portait à consulter la nature. Le
plus grand nombre des disciples de cet
illustre savant ne l'a que trop servilement
suivi dans l'application de ce funeste système de compilation long-temps employé
dans toutes les publications d'ouvrages
sur l'histoire naturelle , mais qui n'est
plus guère de vogue aujourd'hui.

Cette critique, émise sur le grand modèle qui nous sert à tous de guide, peut

servir à faire connaître mon opinion en fait de classification méthodique. J'adhère sincèrement aux vues nouvelles qui occupent les naturalistes de tous les pays, mais sans perdre de vue qu'il faut user de beaucoup de défiance en nos premières idées sur les formes différentielles qui s'offrent à nos yeux, et sur les affinités que nous croyons découvrir dans les genres et dans les espèces ; mettre à profit tous les moyens que l'étude peut nous fournir pour établir des comparaisons, et n'émettre nos idées qu'après leur avoir fait subir un examen sévère.

S'il fallait des preuves à l'appui pour servir à réfuter ceux qui me supposent une trop grande réserve dans l'admission ou dans la publication de nouvelles coupes génériques, il serait facile de les renvoyer à mes Monographies de mammalogie, au Recueil de planches coloriées d'Oiseaux, faisant suite au Buffon, à l'Histoire des Gallinacés, et même à ce Manuel.

Lorsqu'on se propose d'établir une nouvelle coupe méthodique dans un genre déjà adopté, il est essentiel de connaître, par l'examen de la nature, toutes, ou du moins le plus grand nombre des espèces connues, au milieu desquelles ont été réparties celles qu'on veut isoler; il faut nécessairement avoir sous les yeux la série des êtres qui présentent plus ou moins d'affinité avec ceux qu'on se propose de séparer génériquement; il est encore urgent de savoir si le genre de vie, la nourriture, et tout ce qui tient aux mœurs et à la demeure de ces espèces, offrent des différences marquées avec celles reconnues à leurs anciens congénères. Il faut savoir distinguer de simples variétés de formes accessoires, dans une série naturelle d'espèces, de ces caractères d'un ordre supérieur, qui sont les indices d'une organisation et de mœurs disparates : le coup d'œil exercé du naturaliste praticien parvient d'ordinaire plus sûrement à déterminer avec justesse que ne saurait le faire celui dont les études ont principalement été vouées à la théorie des sciences naturelles.

Les coupes méthodiques, sectionnées, divisées et subdivisées sans nécessité absolue, n'auront jamais la stabilité désirée; elles obtiendront difficilement la sanction universelle, qu'il devient si nécessaire de leur procurer, pour que les naturalistes de tous les pays puissent s'entendre, si elles n'ont point été basées sur une étude approfondie du plus grand nombre des êtres connus. Le système artificiel, ne devant être qu'un auxiliaire à même de nous servir de guide dans la classification de ces animaux, n'a pas besoin de se trouver encombré de tant de coupes distinctes : ce doit être un moyen facile, surtout peu compliqué, qui puisse servir de point central universel. Quelques méthodistes qui se sont déjà créé un vaste échafaudage compliqué, on dirait, au-delà de toute utilité, paraissent être d'avis que les moyens employés pour caractéri-

ser et pour classer les animaux sont
vicieux ; ils proposent un système riche
de divisions et de subdivisions nouvelles,
mais qu'ils ne peuvent rendre compré-
hensible et de facile application. Un
rayon très-borné leur servant le plus souvent de limite, ils supposent connaître et
embrasser tout le système de la nature
sur la vue de quelques échantillons , et
pensent que leur échafaudage élevé dans
cette enceinte plus ou moins circons-
crite se trouve à même de recevoir une
plus grande extension sur un champ plus
vaste, par le seul moyen de pièces rapprochées selon le même mode et sur le
même plan. Pour les juger par leurs travaux, il suffit de les voir dans nos grands
musées , riches de productions , tributs
de toutes les régions du globe ; là , ils ne
conservent plus ce calme , fruit d'une
longue méditation et de l'étude pratique
de la nature : leur système, qu'ils ren-
versent de leurs propres mains par la vue
de cette vaste étendue de la création ,

très-souvent nouvelle à leurs yeux, tombe
et croule comme des châteaux de cartes.
Qu'arrive – t-il alors à ces auteurs im-
bus des minuties de leur système, dont
l'échafaudage repose souvent sur un petit
nombre de caractères ? L'absence de ce
caractère, ou seulement les modifications
dont il est susceptible par l'existence des
affinités, par la présence de caractères
accessoires, souvent uniquement selon
l'âge des individus et leur développement
plus ou moins parfait, deviennent, entre
leurs mains, autant de motifs qui les
portent à former de nouvelles séries de
coupes intermédiaires ; alors ils trouvent
à peine assez de ressources dans nos lan-
gues anciennes et modernes pour expri-
mer par des mots tous ces caractères
minutieux qu'il est possible de sentir,
mais pour lesquels les expressions rigoureuses manquent dans nos vocabulaires :
aussi voit-on des coupes de tribus, familles, races, etc., auxquelles on a donné
un nom distinct sans qu'on sache pour

quel motif, et sans que l'auteur prenne
la peine de l'expliquer ; apparemment
par la raison que la terminologie n'est
pas encore à la hauteur de la minutie
méthodique. Il arrive cependant qu'on
parvient, à force de tourmenter les mots
et de tourner les phrases dans tous les
sens, à établir dans les livres l'apparence
d'une différence plus ou moins prononc-
cée, qu'on croit pouvoir sanctionner à
l'aide d'une figure, en observant dans le
choix des espèces celles prises à dessein
aux deux extrémités opposées d'un genre
naturel, s'adressant, dans ce but, aux
espèces les plus rapprochées d'un genre
voisin; ils offrent, par ce moyen, l'apparence d'une disparité, dont souvent une
seule, ou bien un très-petit nombre d'espèces intermédiaires, suffit pour démon-
trer la nullité. Marchant sur une voie
tracée d'avance, ces méthodistes sont
obligés d'avoir sans cesse recours à des
coupes nouvelles, lesquelles, par leur
embarrassante accumulation, se refusent

enfin à toute la flexibilité du langage et à la scrupuleuse minutie du dessinateur ; alors il faut appeler à son secours l'auxiliaire d'une terminologie nouvelle , dont l'explication devient fastidieuse ; on se perd dans les affinités circulaires, dans les analogies les plus bizarres ; des nombres trinaires et quinaires partagent l'opinion , et on arrive dans l'arène des hypothèses et des idées philosophiques , qui mènent à des contestations sans fin comme sans but ; le tout, pour expliquer cette belle nature et l'ordre merveilleux et grandiose qui y règne.

Il est certain que l'anatomie comparée et l'étude de l'ostéologie des animaux doivent être considérées comme sciences fondamentales et comme le point de départ du zoologiste qui veut travailler à élever l'édifice méthodique ; mais ce n'est point exclusivement selon les lumières dont ces deux études lui fournissent les moyens, qu'il doit établir les groupes de second ordre. Le plus grand nombre

des anatomistes s'est trouvé embarrassé
dans les recherches, pour avoir négligé
l'étude des caractères que la zoologie fournit : ils ont cru que l'anatomie comparée
pouvait à elle seule servir de guide dans
toutes les observations de second ordre ;
et ils ont perdu de vue cette autre science
auxiliaire, suivant leurs idées trop au-
dessous de l'importance attachée aux
recherches anatomiques. Ils ont eu à se
repentir de cette négligence et du peu de
valeur attaché par eux à l'étude pratique
de la nature : les plus grands anatomistes
ont manqué le but de leurs travaux, considérés sous tout autre point de vue que
celui dont l'homme est le principal objet,
pour avoir négligé les ressources de ces
deux autres sciences. Leurs recherches ne
sont guère en état de nous servir aujour-
d'hui, vu que le plus souvent il est
impossible de pouvoir déterminer avec
précision sur quelles espèces d'animaux
reposent leurs observations ; tandis que
ceux qui les poursuivent encore sans

l'aide des premières notions en zoologie,
ne répandent point de lumière très-utile
dans l'étude qui a pour but le perfection-
nement du système de la nature.

Les preuves ne manquent point à l'appui du jugement que je porte des per-
sonnes et de leurs écrits ; mais je ne veux
nommer ni désobliger qui que ce soit.
Est-il cependant bien rare de voir, dans
les collections classées suivant ces méthodes, et les réunions les plus bizarres
et les coupes les moins naturelles ? Recon-
naît-on bien, par l'examen du squelette,
tous ces genres nouveaux, lorsque l'animal, dépouillé de son enveloppe extérieure, n'offre plus d'autre moyen de
recherche que sa charpente osseuse ? De
combien de méprises de cette nature
n'ai-je pas été témoin !

Il est tout-à-fait mal vu de mettre une
importance décisive à la coupe méthodique établie sur les observations fournies
uniquement par l'étude de l'ostéologie
comparée ; les coupes de genre ne peuvent

être formées convenablement, et elles
n'obtiendront la sanction universelle si
ardemment désirée, qu'au moyen du concours de deux autres sciences, celles
de la zoologie et de l'étude pratique de la
nature.

Dans l'état présent de la science, et
entourés comme nous le sommes de cette
grande affluence d'objets nouvellement
découverts, il paraît préférable de borner, pour le moment, nos recherches à la
connaissance exacte des espèces et à la
détermination, autant que possible, ri-
goureuse de celles-ci, laissant aux méthodistes, prévenus en faveur de leur échafaudage compliqué, hérissé de termes
techniques, le soin de répartir dans un
système méthodique toutes ces nuances
subtiles qu'ils veulent caractériser rigoureusement par des démarcations génériques. Enfin, l'examen d'un nombre très-
considérable d'espèces étant représentées
par une série d'individus originaires de
contrées différentes, nous conduit souvent

à ne pouvoir assigner de limite fixe à ces
êtres dans les groupes formés d'après les
recherches établies seulement sur un
nombre très-borné d'espèces et d'individus.

La vue d'une multitude d'individus de la
même espèce, mais originaires de contrées
différentes, nous indique clairement qu'il
est souvent bien difficile de parvenir à déterminer strictement la limite entre les
espèces analogues, et de dire positivement
qu'il existe une séparation spécifique ou
une démarcation bien tracée pour toutes
les espèces que nous séparons comme
telles. En résumé, l'existence des *Genres*,
en donnant à cette dénomination l'explication conventionnelle, me paraît un
paradoxe : je suis même loin d'établir
celle des *espèces* en axiôme.

Ces réflexions m'ont servi de guide
dans la révision du travail méthodique
placé en tête de cette troisième partie du
Manuel ; ce travail est basé sur une série
d'observations nouvelles faites sur la

forme, il est vrai, peu variée, de la charpente osseuse des oiseaux, principalement de la partie sternale de leur squelette * ; les caractères fournis par le bec, les pieds, les ailes **, la queue, et ceux pris de la nature du plumage, se trouvant indiqués avec exactitude dans la première édition, nous n'avons eu que peu de choses à changer dans celle-ci. J'avais formé le projet de placer à l'article de chaque genre un court aperçu des principaux résultats que les recherches sur le squelette des oiseaux

---

* Merrem, Classification des oiseaux d'après le squelette, *Actes de Berlin*, a donné un aperçu de ces recherches.

** J'ai été un des premiers à faire usage de la forme des ailes comme étant propre à servir de caractère générique; depuis d'autres s'en sont emparés et s'en attribuent l'INVENTION! probablement, *l'application à la méthode.* Il en est de même de la mesure comparative de l'*Antibrachium* chez les *Chéiroptères*, qu'un naturaliste s'attribue complaisamment, qu'il recommande comme de *son invention*, et en fait sentir l'utilité. Les dates de publication font justice du fait.

ont pu me fournir ; mais n'ayant pu soumettre à une observation générale tous les
types des coupes méthodiques, je n'ai pas
voulu présenter un travail encore rempli
de beaucoup de lacunes. Mon plan est d'en
faire le sujet d'un opuscule, dans lequel il
sera traité de la charpente osseuse des oiseaux considérée comme premier moyen
de classification méthodique.

Je suis persuadé que ma classification
méthodique des oiseaux n'obtiendra pas
l'assentiment des naturalistes qui veulent
multiplier les coupes au-delà de toute nécessité. J'adopterai sans aucune préven-
tion leur manière de voir, et je l'ai déjà
fait dans plusieurs genres non admis pré-
cédemment, s'ils parviennent à me prou-
ver que leurs coupes nouvelles reposent
sur des recherches bien constatées, scru-
tées par tous les moyens de comparaison;
mais je ne me déciderai point à le faire,
tant qu'il naîtra de ces manières divergentes de voir un embarras bien plus grand
pour l'étude, ou un surcroît d'obstacles

dans l'adoption universelle d'un pareil
plan. Je crois que ces deux idées ne doivent jamais être perdues de vue ; car la méthode ne peut servir efficacement à l'étude
qu'autant qu'elle est exposée avec clarté ,
point surchargée de divisions et de subdivisions qui finissent par devenir fasti-
dieuses, même inutiles, et à tel point,
que le plus souvent on finit par n'en prendre aucune notice. Pour qu'on puisse es-
pérer de réunir le plus grand nombre de
suffrages, il faudra nécessairement que la
simplicité de la méthode en rende l'application facile; l'exactitude et la précision
des définitions caractéristiques doivent
être rigoureuses et à ligne de démarcation fixe, afin d'offrir par-là un moyen
de plus contre les emplois multipliés et les
classifications erronées des espèces. Plus
les coupes de genres seront nombreuses,
et plus il est à présumer que de semblables
erreurs se multiplieront. Si le système de
Linnée, très-simple, mais laissant trop de
vague par l'extrême concision de la termi-

nologie et des phrases caractéristiques, a pu fournir matière à cette grande série d'emplois multipliés, quoique portant sur un nombre très-borné d'espèces ; à quoi ne faut-il pas s'attendre, entourés comme nous le sommes aujourd'hui de cette immense partie de la création inconnue du temps de Linnée, qu'il faudra classer à l'aide de ces novations riches de minuties, et qui vont porter sur un nombre pour le moins quintuple d'espèces.

La confusion certes a été portée au comble dans la treizième édition de Linnée, et sera probablement organisée dans les nouveaux *species ;* Latham était parvenu à épurer ce *species* par son *Index ornithologicus,* où les erreurs nouvelles remplacent malheureusement, en nombre égal, les erreurs de Gmelin ; aujourd'hui M. Latham termine sa carrière littéraire par une nouvelle édition du Synopsis, dans laquelle il est facile de juger du manque total de recherches faites sur la nature : *cette nouvelle compilation est riche en erreurs.*

Je crois pouvoir me dispenser de faire mention de ces écrits nombreux qui se suivent et se succèdent avec une étonnante rapidité, et qui semblent avoir pour but d'exceller en coupes nouvelles, distribuées dans un échafaudage très-compliqué. On prétend alléguer en faveur de ces coupes nombreuses, que les anciennes méthodes, composées de quelques groupes trop nombreux en espèces, finissent par offrir des difficultés rebutantes, par la grande série de diagnoses ou de descriptions qu'il faut nécessairement parcourir, lorsqu'il s'agit de confronter une espèce présumée nouvelle avec toutes celles inscrites dans le catalogue du genre. La recherche dans un *species* composé de cent ou de cent cinquante espèces est, il faut en convenir, très-ennuyeuse; mais elle est moins difficile qu'on le suppose, surtout quand on a vu beaucoup, et qu'on sait le cas qu'il faut faire de certaines espèces nominales, fruits de la plus stérile compilation. Une bonne diagnose n'est pas si facile à former qu'on le pense. Les naturalistes auteurs ne savent pas toujours donner en peu de mots une définition nette des espèces. Une longue description hérissée de minuties est précisément celle qui embarrasse le plus. Lorsqu'on connaît le plus grand nombre des espèces décrites, et qu'on les rappelle à la mémoire, alors qu'il s'agit de calquer la description d'une espèce nouvelle, on trouvera, du premier coup d'œil, les principaux rapports ou les dissemblances caractéristiques.

Il s'agit de ne rien laisser à désirer dans la description de l'espèce type; puis on ébauche à grands traits celle des autres espèces du même genre : un seul caractère bien défini suffit alors, le plus souvent, pour que l'espèce ne puisse pas être confondue, même avec celle qui offre au premier coup d'œil le plus d'identité.

Après l'exposé des raisons le plus souvent mises en avant, comme devant servir en faveur des coupes multipliées qu'on veut introduire, je me permettrai de demander s'il est bien prouvé qu'à l'aide des moyens proposés le sujet qui doit être soumis à l'inspection soit plus facile à comparer dans cette série de petits groupes, surtout lorsque ceux-ci reposent sur des caractères minutieux, souvent sur des caractères occultes, dans les dépouilles des oiseaux *, sans parler des embarras suscités par un grand nombre d'anomalies et le concours des affinités, si peu faites pour être définies rigoureusement à l'aide d'une terminologie vague; dans ce cas, l'examen et les recherches qu'il faudra faire dans une série de genres ne seront guère simplifiés; l'espèce sera d'ailleurs reconnais-

---

* Un mammifère, un reptile, un poisson, dont le crâne ou les dents n'ont point été observés et décrits, me paraît seulement à moitié connu; ils n'ont aucune valeur, scientifiquement parlant, lorsqu'à ce manque vient se joindre l'ignorance absolue sur les mœurs et sur l'*habitat*. Pour connaître un oiseau, il faudrait avoir étudié d'abord ses mœurs, sa charpente osseuse et la dépouille bien complète dans une série d'individus.

sable, étant comparée à celles inscrites,
par la facilité où l'on se voit encore, de
prendre notice des indications fournies
par la couleur du plumage ou des parures
accessoires, rarement si parfaitement con-
cordantes dans un grand nombre d'espèces, qu'il ne soit très-facile de les distinguer les unes des autres. Il naîtra un bien
plus grand inconvénient du partage trop
nombreux en petits groupes, dans lesquels
le caractère principal, quelquefois l'unique, est emprunté d'une partie du squelette ou bien d'un organe quelconque, dont
les formes extérieures ne font pas préjuger
l'existence, et dont le bec, les pieds, ni la
dépouille emplumée, ne portent aucune
trace; seules parties que nos méthodistes
sédentaires puissent soumettre à leur investigation, et les seuls moyens à la portée des amateurs de collections ornitho-
logiques hors d'état de pouvoir consulter
le squelette ou d'avoir recours à l'autop-
sie. Tant que les caractères extérieurs
faciles à saisir et à comparer ne formeront

point la base d'une coupe nouvelle, les en-
traves ne seront pas levées pour celui qui
veut s'assurer si l'espèce *existe* ou *n'existe
pas* dans un ouvrage. Supposons l'espèce
fortement caractérisée : dans ce cas, elle
est à peu près aussi facile à trouver dans
la *série de groupes* que dans le *grand
genre*. Mais quel sera le sort de ces *espèces
anomales* en si grand nombre dans la
classe des oiseaux? La minutie ne pourra
pas toujours obvier au doute; dans ce cas,
l'espèce est destinée à être ballottée sans
cesse de genre en genre; elle prêtera bien
plus facilement matière à l'erreur, et ser-
vira à fournir des emplois bien plus multipliés; les naturalistes auront moins de
chances à pouvoir s'entendre; la méthode
ne tardera pas à se grossir d'erreurs nouvelles, entassées sur les anciennes, et l'espèce, indiquée dans plus d'un groupe, re-
paraîtra dans les systèmes, en même temps
comme genre nouveau et sous plusieurs
noms, comme espèces nouvelles; très-in-
certain, si le jeune oiseau, le mâle et la

femelle sont destinés à se rencontrer réunis dans un même genre : ce qui n'est pas toujours le cas, ainsi que nous en voyons déjà les beaux résultats dans quelques ouvrages. Dans le doute, pour se tirer d'embarras, on fait *un nouveau genre*. Ce mode de procéder est à l'ordre du jour, et chatouille complaisamment l'amour-propre ; c'est encore le moyen le plus expéditif pour oser se permettre d'écrire avant d'avoir vu et comparé.

Le genre *Falco* subdivisé en trente-deux coupes, celui du *Lanius* en vingt-cinq, les seuls *Pics* d'Europe, si bien caractérisés par des formes identiques, divisés en quatre genres distincts ; les *Canards* d'Europe sous douze dénominations génériques, et le genre, à mon avis, si naturel du *Psittacias* * , morcelé en dix - huit groupes

---

* Je ne vois pas moyen de trouver aucune trace de ces différences dans le squelette des perroquets ; les organes de tous ceux que j'ai pu examiner, même des espèces à langue terminée en brosse, mais semblable,

nouveaux, ne me présentent point une chance bien favorable comme moyen de simplifier la recherche, et à rendre celle-ci plus facile que dans un *species* de cent cinquante à deux cents espèces, coupé par *sections* sans appellation distincte, facultatives à adopter, à modifier ou à supprimer totalement, sans que l'ordre systématique en souffre atteinte, et sans entraver, par une série de dénominations nouvelles, les rapports établis entre les naturalistes, d'un bout du monde à l'autre. Une méthode qui surcharge inutilement la mémoire me paraît, par cela seul, vicieuse.

Il me paraît qu'une préférence toute particulière serait due aux divisions géographiques, vu que celles-ci peuvent nous guider dans l'étude de la répartition des animaux sur toute l'étendue du globe; on

---

hormis la fine pointe de leur langue, à tous les perroquets connus, ne m'offrent aucun caractère assez fortement marqué, propre enfin à servir de base pour établir des coupes génériques.

remarque de suite, par ce moyen bien
simple, si les formes génériques de telle
classe, de tel genre ou de telle section se
reproduisent, sous les mêmes conditions,
dans plusieurs parties du monde, et dans des
contrées très-éloignées les unes des autres;
si elles existent ou non en des climats différens, et se trouvent sous des latitudes
correspondantes ou divergentes. La coupe
par sections, empruntée d'une forme ri-
goureuse, me paraît préférable aux coupes plus sévères de genres : la première
peut dépendre de la manière de voir, et est
comparable, dans la société, aux règles du
ménage; l'autre doit servir de règle universelle. Mais la coupe en *sections* ne com-
porte pas toujours mention honorable et
citation de l'auteur dans les ouvrages périodiques; tandis que l'importance attachée à l'idée qu'on se forme *du génie* de
celui qui *crée, invente* ou *établit* un *genre
nouveau*, sert à le faire prôner dans tous
les écrits, porte son nom dans toutes les
collections , dans les journaux scienti-

tiques, etc., etc., comme s'il eût en effet
enrichi la science d'une *découverte impor-
tante!* L'amour-propre flatté, le droit,
qu'assez généralement on se fait, de passer
l'éponge sur le nom de ses devanciers, et
de dire, au moyen d'un MIHI ou d'un NO-
BIS en lettres majuscules : *A moi la cargai-
son!* fait très-souvent donner la préférence
à la coupe générique.

De ce désordre apparent peut naître
un ordre désirable. Un autre Linnée, un
Pallas, un Cuvier s'emparera quelque
jour de ces nombreux matériaux, et rap-
pellera sous sa bannière tant d'opinions
différentes dirigées vers un but commun :
celui d'élever sur une base plus solide
l'édifice méthodique du système de la nature.

Pour faciliter les études dirigées vers ce
but, j'aurais presque dit pour rendre le
travail possible, il faut avoir sous les yeux
tout ce que la nature morte peut nous
fournir comme premier moyen de recherche. Les musées d'histoire naturelle for-

més dans les siècles passés peuvent être
considérés plus comme collections de cu-
riosités, que sous le rapport d'établissemens scientifiques *. On a su mieux ap-

---

* Les ménageries et les collections d'histoire naturelle doivent probablement leur origine au fanatisme
religieux des peuples de l'antiquité ; toutes leurs pen-
sées, concentrées dans le culte, les portaient à consacrer
à leurs divinités les objets les plus remarquables de la
nature. Les sanctuaires furent les premiers dépôts où le
voyageur remit sous la garde des prêtres, et comme un
hommage rendu aux dieux, les objets rares qu'il avait
rapportés. Le *Talève* ou *porphyrion* était en grande véné-
ration chez les Grecs et les Romains. Les *oies* du Capi-
tole sauvèrent Rome menacée. L'*ibis* et le *chat*, révérés
dans les temples des Égyptiens, jouirent après leur mort
de l'honneur d'une sépulture distinguée. Les sectateurs
de Brama honorent particulièrement un *singe* du genre
des *Semnopithèques* (l'*entelle*). Une espèce d'*aigle* (*Falco
ponticerianus*) obtient des soins assidus dans les temples
hindous ; le *crocodile* (*biporcatus*) est l'objet d'une dévo-
tion particulière à Java. On croit retrouver sur quelques
médailles antiques les indices de ces actes religieux.
Nous savons que des *poissons* étaient suspendus au temple de Neptune ; des bois de *cerf* décoraient celui de
Diane. Le Carthaginois Hannon consacra ainsi dans le
temple de Junon une peau de gorgone, qu'on peut
soupçonner être la dépouille de quelque grand singe

PARTIE IIIe.   *c*

précier l'importance de ces musées dans
les dernières années du dix-huitième siècle; c'est aussi de cette époque que datent
les travaux les plus marquans dans toutes
les branches de l'étude de la nature. La
France qui nous donna ce bel exemple fut
aussi de tous les pays de l'Europe la première à en recueillir les fruits; elle vit se
former dans son vaste établissement ces
savans distingués, nos maîtres et nos mo-
dèles.

Les résultats importans obtenus par le
magnifique cabinet d'ostéologie, créé par

---

d'Afrique, probablement le *Cynocephalus hamadryas*.
De nos jours encore, des églises et quelques chapelles
conservent ces offrandes des voyageurs superstitieux;
on voit dans plusieurs églises d'énormes ossemens de
baleines suspendus aux voûtes ou au-dessus des por-
tiques. Un voyageur italien a sans doute consacré dans
l'église de Notre-Dame-de-Cimez, sur les bords du
golfe de Gênes, le grand *crocodile* suspendu à sa voûte.
Un capitaine baleinier néerlandais aura consacré, au
retour d'une expédition périlleuse, l'énorme tête de
cachalot (*Physeter macrocephalus*) placé dans l'église de
Scheveninge, sur les bords de la mer.

les soins de M. Georges Cuvier, m'ont fait
naître le désir de former dans ma patrie un
établissement du même genre. L'étude de
la zoologie devant emprunter les premiers
matériaux de la charpente osseuse des
animaux, il était nécessaire de former une
collection qui pût servir à guider le naturaliste dans cette science. Le cabinet d'ostéologie formé depuis peu d'années *,
et celui d'anatomie comparée, plus récent
encore, sont devenus l'objet de mes premiers travaux et celui de mes soins assidus. Les savans jugeront si j'ai réussi dans
la tâche que je me suis imposée. Ces collections font partie du vaste établissement
consacré à la zoologie et à la minéralogie,
créé à Leyde, en 1820, sous les auspices de
S. E. le ministre Falck. Aujourd'hui, ce musée peut marcher de pair avec les institutions
de même genre formées depuis un grand
nombre d'années dans quelques capitales

---

* La collection ostéologique à Leyde comptait, en 1820
seulement, 27 squelettes et 16 crânes.

de l'Europe : les colonies de l'État lui
paient un riche tribut ; les principaux employés du gouvernement du roi dans les
deux Indes s'empressent de le doter riche-
ment, et tout concourt à augmenter sa
splendeur. Cet établissement national
fournit, à son tour, aux besoins des cabi-
nets d'histoire naturelle destinés à l'in-
struction publique, et peut faire servir le
superflu aux progrès de cette science chez
les nations voisines.

Dans ces musées, le vulgaire ne voit le
plus souvent qu'une réunion d'objets cu-
rieux qui plaisent aux yeux ; quelques
hommes instruits, accoutumés peut-être
à des résultats plus prompts et plus évi-
dens, pensent que les frais nécessaires
l'emportent sur le degré d'utilité que ces
établissemens peuvent avoir. On semble
perdre de vue que l'étude de la nature,
abstraction faite de tout ce qu'elle a d'important, envisagée sous le point de vue
moral et scientifique, influe encore puis-
samment sur la civilisation, sur l'indus-

trie dont elle fait mouvoir les ressorts , sur plusieurs branches des arts et sur la propagation des lumières dans toutes les classes de la société; vérité dont ceux qui paraissent enclins au doute pourraient facilement se convaincre. Il est certain que jamais gouvernement n'aura à se repentir d'avoir consacré des sommes modiques à ce genre d'investigation, qui tend non-seulement au bien-être de ses propres sujets, mais qui porte ses germes bienfaisans dans toutes les contrées du monde.

Un temps viendra où, sans doute, ces sortes de musées seront d'un intérêt moins direct, période bien éloignée encore, lorsque tous les corps naturels seront connus, décrits et figurés d'une manière qui rendrait inutile de revoir les originaux conservés dans les collections. Afin de marcher d'un pas mesuré vers cet apogée de la science, bornons, pour le présent, nos tentatives à poser modestement pierre sur pierre, en élevant ainsi un édifice auquel, il est vrai, il sera réservé à la postérité de mettre la dernière main, et de retirer ainsi les fruits de nos premiers travaux, entrepris dans le but de l'amour de la patrie et de la vraie gloire.

L'analyse nouvelle offerte au public n'est que l'ébauche d'une classification systématique plus parfaite, réservée à d'autres temps, peut-être loin de nous. C'est toujours un jalon mis en avant, qui peut servir de point de ralliement, et que d'autres feront mouvoir, au besoin, vers une plus grande précision. Toutes les parties de la méthode doivent encore être approfondies, et un plus grand nombre d'espèces que nous n'en connaissons aujourd'hui doit nous tracer l'idéal plus parfait de l'ordre méthodique de la création, dont nous ne pouvons saisir et classer que les chaînons plus ou moins rapprochés.

Déjà en 1820, date de la publication de la nouvelle édition, j'ai fait mention d'une publication prochaine de *l'index général* ou d'un *species* des oiseaux ; l'impression en a été constamment différée, vu le nombre

d'objets nouveaux acquis pour la science par
les découvertes récentes et par l'attente où
on est des nouvelles richesses que les voyages entrepris sur tous les points du globe
nous promettent encore : pour former une
bonne nomenclature il faut bien connaître;
un savant célèbre a dit, qu'*il faudrait tout
connaître.* En attendant l'époque opportune
pour une publication du *species* des oiseaux, nous travaillons assiduement à épurer la partie connue, décrite ou figurée,
des erreurs, dont la découverte est le plus
souvent due au hasard, mais qui se montrent encore de temps en temps d'une manière effrayante, quoique les recherches
entreprises depuis plusieurs années dus-
sent du nous faire présumer qu'il n'en
restait plus un grand nombre dans nos
méthodes les plus répandues. La rapidité
avec laquelle l'erreur passe dans les ouvrages périodiques et dans les catalogues
de pure compilation, devrait bien servir à rendre les naturalistes un peu moins
empressés de publier les résultats d'une pre-

mière observation. M. Frédéric Cuvier dit très-judicieusement, que de toutes les opérations de l'esprit, l'établissement des erreurs est la plus facile; mais il n'en est pas ainsi de la destruction de ces mêmes erreurs, qui est certainement l'ouvrage d'un temps très-long.

« Le plan de révision de la partie ornithologique a aussi été appliqué à la classe des mammifères. Quelques-uns des principaux résultats obtenus par cet examen critique ont déjà fourni matière à la publication de monographies de genres d'oiseaux et de mammifères (*). Nous avons continué plus ou moins assiduement la publication du recueil des planches coloriées d'oiseaux, faisant la suite et le complément des planches enluminées de Buf-

---

* *Recueil de planches coloriées*, suite aux oiseaux de Buffon, et *Monographies de mammalogie*, 1 vol. avec planches : chez Levrault et Edmond d'Ocagne, libraires, à Paris. Le second volume des Monographies est sous presse, il sera publié à Leyde, chez le libraire van den Hoek.

fon. Cet ouvrage, commencé en 1820, est parvenu, aujourd'hui 1835, à la quatre-vingt-douzième livraison ; la première centurie de ce recueil, en 5 volumes composés de 595 planches et de 755 figures d'oiseaux, la plupart inédits, sera bientôt complétée ; les quatre-vingt-dix-neuvième et centième livraisons seront accompagnées d'un index général des planches enluminées et coloriées, ainsi que des tables et des titres de volumes. Cette première centurie de livraisons terminée, nous pourrons, si les souscripteurs nous secondent, en commencer une deuxième série ; car l'abondance des matériaux nous permet de continuer une entreprise que le public a bien voulu honorer de son approbation.

Mais il est temps d'aborder la partie qui vient se rattacher plus spécialement aux oiseaux d'Europe.

Comme supplément à l'article de l'avant-propos de la première édition *,

___

* *Voyez* p. 39 de l'Avant-propos de la seconde édition.

où il est fait mention des voyages périodiques des oiseaux de nos contrées, on
peut ajouter que, le plus grand nombre de
nos oiseaux erratiques va passer les hivers
rigoureux au-delà de la Méditerranée; pas
précisément à cause de l'intempérie de la
saison, mais parce que la nourriture qui
convient à leur appétit n'est plus aussi
abondante dans cette saison. Quelques espèces, le plus souvent rares dans nos contrées méridionales et orientales, y sont très-
abondantes à certaines époques, et ne se
montrent souvent point pendant plusieurs
années de suite, parce que les animaux qui
leur servent de pâture manquent totalement, ou bien n'ont point opéré leur migration périodique ou accidentelle vers
nos côtes méridionales ou dans nos contrées orientales; ce sont particulièrement
ces oiseaux, ordinairement sédentaires en
Afrique et en Asie, qui se dirigent plus ou
moins avant vers le centre de l'Europe,
suivant que les insectes dont ils se nourrissent, se trouvent entraînés par les vents

ou par d'autres causes accidentelles vers
nos contrées; c'est aussi par des causes
semblables que les oiseaux aquatiques du
pôle quittent en hiver leur demeure et se
transportent hors de leurs limites naturelles , vers des contrées qu'ils n'ont point
l'habitude de visiter périodiquement. On
sent que l'apparition d'individus isolés hors
des limites habituelles sont des cas ex-
traordinaires, dus à des coups de vent, et
indépendans de la migration accidentelle
de l'espèce.

Les oiseaux de passage proprement
dits *, particulièrement ceux qu'on est
dans l'habitude de désigner sous le nom
d'oiseaux terrestres, vont directement du
nord au sud; tandis que les échâssiers et
les palmipèdes voyagent dans la direction
du nord-ouest au sud-est; les premiers,
à l'exception d'un petit nombre, se ren-

---

* On peut poser en fait que les jeunes et les vieux
voyagent toujours séparément , le plus souvent par des
routes différentes.

dent en Afrique en passant la Méditerranée. Les naturalistes du siècle passé ont
déjà fait cette remarque; Pallas, Hassel-
quist, Catesby, Forskal, Spalanzani, Bar-
tram et autres en parlent; Pline en avait
fait l'observation avant eux, mais seulement sur un nombre très-limité d'espèces.
Les observations des voyageurs modernes
qui ont parcouru le nord de l'Afrique,
servent à le confirmer; et les envois que
le musée des Pays-Bas a reçus de Tripoli,
des vallées du Nil, même du Sénégal, sont
des preuves matérielles de la migration
périodique d'Europe en Afrique; tandis
que, parmi les objets rassemblés en Espagne, en Sardaigne, en Sicile et dans les
contrées du Levant, se trouvent des oiseaux
qui viennent accidentellement ou périodiquement du nord de l'Afrique, et ne dé-
passent point en Europe les chaînes de
la Sierra et de l'Apennin.

Un fait incontestable, plus difficile à
expliquer, est celui de l'existence simul-
tanée d'un très-grand nombre de fissi-

pèdes, de pinnatipèdes et de palmipèdes
dans le nord, sous l'équateur et dans les
zones tropicales de notre globe, où ces espèces très-nombreuses se multiplient,
ont leurs migrations limitées et leur apparition périodique, sans qu'on puisse remarquer la plus légère disparité dans les
formes des parties principales; il y a seulement, et très-rarement, de légères nuances
différentielles dans les teintes du plumage,
marqué d'ailleurs des mêmes taches et
d'une distribution parfaitement semblable
des couleurs de leur robe, laquelle est su-
jette, sous ces températures très-disparates,
aux mêmes mues périodiques que dans nos
climats. Des comparaisons nombreuses
établies sur des échâssiers de nos contrées
européennes, du midi de l'Afrique, des
îles Sondaïques, de la nouvelle Guinée
et du Japon, ne m'ont pas offert de différence marquée; au contraire, dans le plus
grand nombre des espèces tuées à des distances si grandes et sous des températures
si différentes, il y a même identité par-

faite ; à tel point qu'on peut en toute confiance présenter comme Européen un individu tué au Japon, ou bien un sujet de
la nouvelle Guinée. J'ai fait l'observation
relativement aux *oiseaux européens du
Japon,* que leur livrée de printemps est
plus pure, les teintes mieux tranchées, et
les couleurs en général plus vives ; les bordures grises ou blanchâtres des plumes
sont toutes effacées ou usées, ce qui les
fait paraître sous une livrée plus parfaite que ces mêmes espèces originaires de
nos climats ; mais les livrées d'automne
n'offrent aucune différence digne de quelque remarque.

Un plus petit nombre d'échâssiers se
trouve aussi du nord au midi, dans l'ancien comme dans le nouveau monde ; ces
espèces peuvent être considérées comme
les vrais cosmopolites de la classe des oiseaux. Chez les palmipèdes on observe une
répartition plus analogue pour le climat et
la température, mais également disparate
dans les distances de longitude. Des com-

paraisons établies entre un grand nombre d'espèces d'Europe, d'Amérique et du Japon, m'ont fourni les mêmes résultats que chez les échâssiers, et avec une ressemblance non moins parfaite pour les formes, la taille, les teintes et les distributions des couleurs du plumage : même la couleur des œufs que j'ai pu me procurer de toutes ces espèces semi-cosmopolites, ou qui le sont dans toute l'acception du mot, n'offre point de différence; mais il y en a souvent une grande dans la forme du nid, dans l'emploi des matières pour sa construction, et dans le choix des lieux; toutes choses qui dépendent de causes purement locales.

Il est assez probable que le plus grand nombre des oiseaux de passage d'Europe émigre pendant l'hiver, soit vers nos côtes méridionales ou en Afrique. Les espèces qui poussent leur voyage jusqu'en Afrique, s'y répandent suivant la localité qui leur convient; nos échâssiers et nos palmipèdes trouvent, sur les bords de la

Méditerranée et dans les vallées où le Nil
serpente en inondant ses bords, de vastes
marécages, une nourriture abondante;
tandis que les innombrables essaims d'oiseaux insectivores pénètrent beaucoup
plus loin vers le sud. Les troupes qui sont
venues de l'est de l'Europe par la Grèce
remontent le Nil; celles venant de l'ouest
par la France, les côtes d'Espagne et de
Portugal, se dirigent vers le sud-ouest, le
long des bords de l'Océan, jusqu'au Sénégal, et, suivant le cours de la Gambie,
vont se rendre dans cette partie de l'A-
frique occidentale. Un très-grand nombre
d'oiseaux se dirige des parties orientales
de l'Europe dans les contrées les plus re-
culées de l'Asie jusqu'au Japon, comme
nous le prouverons plus bas par l'é-
numération de la multitude d'espèces européennes tuées dans les îles de cet empire. Ce sont probablement les individus
habitant les limites les plus orientales de
l'Europe qui vont en Asie, et émigrent jusqu'au Japon. Toutes les *grues* dont l'A-

sie est abondamment peuplée voyagent de
l'orient à l'occident. Peu d'oiseaux poussent
leur voyage vers les parties ultra sud-est de
l'Asie, car les exemples de ces migrations
portent sur les espèces d'échassiers riverains, qu'on retrouve partout, sur toutes
les plages maritimes de l'ancien continent.

Il ne sera pas sans intérêt pour les ornithologistes de jeter un coup d'œil sur
la liste des espèces d'oiseaux d'Europe
qu'on trouve au Japon et sur les côtes de
la presqu'île de Corée; je me vois à même
de leur offrir ce catalogue par les soins
qu'ont mis MM. les docteurs von Siebold
et Bürger à collecter, l'un pendant un sé-
jour de sept années, l'autre pendant cinq
ans, une faune à peu près complète de cette
partie encore peu connue de notre globe.
Nous la considérons comme étant très-
intéressante pour la partie historique qui se
rattache à l'étude de la répartition géographique des oiseaux sur le globe*. M. le doc-

---

* Les exemples de l'existence de plusieurs de nos

teur von Siebold, et M. Bürger, son succes-
seur dans la mission scientifique au Japon,
se sont acquis, par leurs travaux et par l'as-
siduité de leurs recherches, des titres à la
reconnaissance du gouvernement hollan-
dais et des savans de toutes les nations.

On peut être certain de la parfaite identité entre les sujets tués au Japon et ceux
qu'on trouve habituellement en Europe;
lorsqu'il y avait différence, fût-elle même
très-légère, alors j'ai eu soin de l'indiquer
par quelques lignes ajoutées après le nom
de l'espèce, ou dans une note aux articles
de l'*habitat*.

Liste des oiseaux d'Europe qu'on trouve au Japon.

Faucon cresserelle.	*Falco tinnunculus.*
Aigle balbuzard.	— *haliaëtus.*
— pygargue.	— *albicilla.*
Autour épervier.	— *nisus.*
Milan noir.	— *ater.*
Busard Saint-Martin.	— *cyaneus.*
Chouette hulotte.	*Strix aluco.*
— de l'Oural.	— *uralensis.*

mammifères d'Europe dans l'empire du Japon ne sont
pas moins intéressans que ceux des oiseaux, des amphi-
bies et des animaux invertébrés. J'en fournirai l'analyse
dans la *Faune du Japon*, dont les deux premières livraisons sont en vente.

Corbeau noir.	*Corvus corax.*
Corneille noire.	— *corone.*
— freux.	— *frugilegus.*
Garrule pie.	*Garrulus picus.*
— turdoïde.	— *cyanus.*
Geai glandivore (variété).	— *glandarius* (var. jap.).
Grand jaseur.	*Bombycilla garrula.*
Rollier vulgaire.	*Coracias garrula.*
Cincle de Pallas.	*Cinclus Pallasii.*
Bec-fin rousserolle.	*Sylvia turdoides.*
— cisticole (variété).	— *cisticola* (var. jap.).
— de murailles.	— *phœnicurus.*
Roitelet ordinaire.	*Regulus cristatus.*
Troglodyte (variété).	*Troglodytes* (*Trogl. fumigatus*).
Traquet rubicole.	*Saxicola rubicola.*
Accenteur pégot.	*Accentor alpinus.*
— calliope. .	— *calliope.*
Bergeronette lugubre.	*Motacilla lugubris.*
— boarule.	— *boarula.*
— printanière.	— *flava.*
Pipit spioncelle.	*Anthus aquaticus.*
— des buissons.	— *arboreus.*
Mésange charbonnière.	*Parus major.*
— petite charbonnière.	— *ater.*
— bleue.	— *cœruleus.*
— à longue queue.	— *caudatus.*
Bruant auréole.	*Emberiza aureola.*
— mitylène.	— *lesbia.*
— rustique ?	— *rustica ?*
Bec-croisé des pins.	*Loxia curvirostra.*
Bouvreuil commun.	*Pyrrhula vulgaris.*
— à longue queue.	— *longicauda.*
Gros-bec vulgaire.	*Fringilla coccothraustes.*
— espagnol.	— *hispaniolensis.*
— friquet.	— *montana.*
— d'Ardennes.	— *montifringilla.*
— de montagne.	— *montium.*
— tarin.	— *spinus.*
— boréal.	— *borealis.*
— sizerin ou cabaret.	— *linaria.*

Coucou gris.	*Cuculus canorus.*
Torcol ordinaire.	*Yunx torquilla.*
Hirondelle de cheminée.	*Hirundo rustica.*
— rousseline.	— *rufula.*
Faisan doré ou tricolor huppé.	*Phasianus pictus.*
Perdrix rouge.	*Perdix rubra.*
Caille vulgaire (variété).	— *coturnix* (var. jap.)
Sanderling variable.	*Calidris arenaria.*
Huîtrier pie.	*Hæmatopus ostralegus.*
Pluvier doré.	*Charadrius pluvialis.*
— grand à collier.	— *hiaticula.*
— petit à collier.	— *minor.*
Vanneau pluvier.	*Vanellus melanogaster.*
— huppé.	— *cristatus.*
Tournepierre à collier.	*Strepsilas collaris.*
Grue leucogérane.	*Grus leucogeranos.*
— cendrée.	— *cinerea.*
Héron cendré.	*Ardea cinerea.*
— pourpré.	— *purpurea.*
— aigrette.	— *egretta.*
— garzette.	— *garzetta.*
— aigrette dorée.	— *russata.*
— blongios.	— *minuta.*
Nycticorax bihoreau.	*Nycticorax ardeola.*
Courlis grand ou cendré.	*Numenius arquatus* (var. jap.).
— corlieu.	— *phæopus.*
Bécasseau variable.	*Tringa variabilis.*
Chevalier gambette.	*Totanus calidris.*
— à cul blanc.	— *ochropus.*
— sylvain.	— *glareola.*
— guignette.	— *hypoleucos.*
— aboyeur.	— *glottis.*
Barge à queue noire.	*Limosa melanura.*
— rousse.	— *rufa.*
— terek.	— *terek.*
Bécasse ordinaire.	*Scolopax rusticola.*
Bécassine ordinaire.	— *gallinago.*
Râle d'eau vulgaire.	*Rallus aquaticus.*
Poule d'eau poussin.	*Gallinula pusilla.*

Poule d'eau de Baillon.	*Gallinula Bailloni.*
Poule d'eau ordinaire.	*Gallinula chloropus.*
Foulque macroule.	*Fulica atra.*
Grêbe huppé.	*Podiceps cristatus.*
— jou-gris.	— *rubricollis.*
Mouette manteau bleu.	*Larus argentatus.*
— rieuse.	— *ridibundus.*
Oie hyperborée.	*Anser hyperboreus.*
— rieuse ou à front blanc.	— *albifrons.*
Cygne à bec jaune ou sauvage.	*Cygnus ferus.*
Canard tadorne.	*Anas tadorna.*
— sauvage.	— *boschas.*
— chipeau ou ridenne.	— *strepera.*
— siffleur.	— *penelope.*
— glousseur.	— *glocitans.*
— souchet.	— *clypeata.*
— sarcelle d'hiver.	— *crecca.*
— double macreuse.	— *fusca.*
— macreuse.	— *nigra.*
— garrot.	— *clangula.*
— morillon.	— *fuligula.*
Harle grand.	*Mergus merganser.*
— huppé.	— *serrator.*
— piette.	— *albellus.*
Pélican blanc.	*Pelecanus onocrotalus.*
Plongeon lumme.	*Colymbus arcticus.*
— cat-marin.	— *septentrionalis.*

On pouvait, en quelque sorte, s'attendre à rencontrer dans cette partie de l'Asie le plus grand nombre de nos oiseaux échassiers et palmipèdes qui vivent sur tout le littoral du vaste promontoire de l'Inde, et que les voyageurs ont aussi trouvés dans les parages des îles de la Sonde et aux Mo-

luqucs; espèces répandues partout sous
les climats différens dans les deux parties
du monde ; mais il n'était guère probable
qu'on trouvât au Japon plusieurs espèces
de nos oiseaux de proie, surtout ce grand
nombre de nos granivores et de nos insectivores. Un très-petit nombre de ces espèces offre une légère différence dans les
teintes plus claires ou plus vives du plumage; mais ces faibles nuances ne sont
guère plus marquées que sur les sujets des
différentes parties de l'Europe, qui peuvent à peine être qualifiés du nom de *variété locale* *, quoique des naturalistes

---

* On peut dire en général que les individus sous
l'habit des noces du midi de l'Europe ont les teintes du
plumage plus vives, plus pures et mieux tranchées que
ceux du nord. C'est particulièrement chez les espèces
munies de bordures ou de lisérés gris ou blanchâtres que
ces différences sont plus marquées ; car l'action de l'air
et du jour opérant avec plus d'intensité dans le midi que
dans le nord, il se fait que les individus en livrée de printemps qui poussent leur voyage vers les contrées septentrionales, ne perdent pas complètement les bordures
ternes du bout de leurs plumes, ce qui prête à leur robe

aient pu juger convenable d'en former
une série d'espèces nouvelles, qu'on pourrait augmenter encore de toutes les variétés locales des sujets de la même espèce
rapportés des différentes parties des deux
mondes.

Relativement à ce qui est dit sur la mue
et le changement des couleurs du plumage,
on peut ajouter aux faits publiés dans le
premier volume * quelques observations
nouvelles faisant le sujet principal d'un
mémoire sur la mue des oiseaux, publié
par M. Yarrel **. Ce naturaliste com-
mence par une revue anatomique sur l'o-
rigine et la nature du plumage ; puis il uti-
lise toutes les données fournies par nous

---

une teinte moins pure, plus ou moins différente de celle
qu'on voit sur les sujets sans bordures. Cette remarque
est aussi applicable aux espèces exotiques réparties sur
une très-grande étendue du globe.

* *Voyez* page 33 de l'Avant-propos de la première
édition du Manuel, qui est reproduit, avec des augmen-
tations, au commencement du premier volume de la
seconde édition.

** Transactions of the Zoological Society, vol. 1,
page 13.

dans le Manuel, et termine son mémoire par des exemples de mue individuelle, pris, il est vrai, sur des sujets captifs *, mais qui servent nonobstant de preuve certaine de la manière dont la mue s'opère chez les oiseaux qui changent périodiquement de robe, ou dont les couleurs du plumage prennent plus d'éclat, et sont altérées aux différentes périodes de l'année,

---

* Il faut toujours se défier plus ou moins des observations prises sur des sujets soumis à la captivité, parce que la mue ne s'opère pas aussi régulièrement qu'en liberté. J'en ai recueilli plusieurs preuves sur des oiseaux fissipèdes et palmipèdes, même sur des rapaces. Il arrive que si l'individu captif est revêtu de la livrée du jeune âge, on le voit passer péniblement à l'état du plumage intermédiaire, sans qu'il se revête jamais de la livrée propre à l'adulte libre; quelques *rapaces* et le *goëland à manteau noir* m'en ont fourni des exemples. J'ai vu des *goëlands* à *manteau bleu* et à *pieds jaunes* n'opérer leur mue parfaite d'adulte qu'en quatre, cinq ou six années. Voilà pourquoi il ne faut rien conclure de bien positif sur des observations faites d'après des oiseaux de ménagerie. Tout dépend des soins qu'on leur donne, de la liberté qu'on leur accorde, et de la nourriture qu'on leur offre.

sans donner lieu à une chute totale ou partielle du plumage.

On peut classer le changement qu'éprouve le plumage sous cinq rubriques différentes.

1° Les plumes changent totalement de couleur sans qu'elles tombent, et seulement par l'action de leur accroissement progressif combiné avec leur usure par le bord extérieur. Ceci a lieu chez tous ces oiseaux qui, ne muant qu'une fois, sont cependant revêtus, à l'approche de la saison des noces, d'une livrée différente de couleur de celle qu'ils portent habituellement passé le temps des pontes et après la mue d'automne.

2° Les plumes éprouvent seulement une légère usure à leur bord extérieur; lorsque ces bordures, ordinairement de teinte blanchâtre, roussâtre ou brunâtre clair, sont disparues, on voit paraître la couleur plus foncée, le plus souvent noirâtre, du milieu de la plume. Les petits oiseaux insectivores et granivores sont dans ce cas.

3° Il paraît des plumes accessoires sur certaines parties du corps dans les interstices du plumage ordinaire ; cette livrée de parade est de fort courte durée, et tombe avant l'époque de la mue, qui, le plus souvent, n'a lieu qu'une fois. Ces plumes accessoires paraissent chez quelques espèces, les *cormorans,* par exemple, à l'entrée de l'hiver, mais chez le plus grand nombre dans les premiers jours du printemps.

4° La mue est double et a lieu à deux époques fixes de l'année ; elle s'opère en partie ou en totalité, à l'exception toutefois des pennes des ailes et des pennes latérales de la queue, qui tombent en automne, et seulement par partie et à intervalles assez longs. Les espèces sur lesquelles la double mue a lieu sont le plus souvent celles dont le mâle porte une livrée brillante ou bigarrée, qu'il quitte pour se revêtir, pendant un espace de temps plus ou moins long, de la livrée plus modeste ou terne de sa compagne.

5° Enfin la mue est simple, le plus souvent en automne, et le plumage n'offre aucun changement remarquable. C'est le cas du plus grand nombre des oiseaux indigènes et exotiques.

Les observations que nous et les naturalistes nos collaborateurs ont été à même de publier et de constater par les recherches, s'accordent toutes pour admettre, avec MM. Cuvier et Yarrel, en principe, que lorsque la femelle adulte d'une espèce diffère essentiellement, par la couleur du plumage, du mâle dans le même état, les jeunes des deux sexes, revêtus de leur première robe, ressemblent à la femelle adulte; ce n'est qu'à la seconde mue qu'on peut distinguer les sexes. — Lorsque les deux sexes à l'état adulte portent une même livrée, les jeunes ont toujours un plumage distinct, également différent du mâle comme de la femelle. — Lorsque le plumage des deux sexes est sujet à un changement régulier et périodique, qui les fait paraître au printemps sous une livrée différente en couleur de celle qu'ils ont revêtue par la mue d'automne, alors les jeunes portent une robe couverte de taches ou de compartimens à teintes intermédiaires, et ces teintes servent d'indices des couleurs qui sont destinées à prédominer, dans chacune des périodes de leur mutation des teintes de la livrée.

Il me reste maintenant encore à fournir un exposé rapide des travaux de ceux de mes collaborateurs dont les recherches ont eu pour but principal la connaissance plus parfaite des espèces d'oiseaux sédentaires, de passage régulier ou bien accidentel, dans les limites géographiques de l'Europe.

Les ouvrages publiés depuis que la seconde édition du Manuel est terminée sont, parmi ceux qui ont vu le jour à peu près à la même date que la seconde édition du Manuel : l'ouvrage allemand publié en 1820 et 1822, sous le titre de *Beiträge zur deutschen Voegelkunde*, du pasteur

Brehm, à Neustadt sur l'Orla. Cet ouvrage est d'une exactitude remarquable
dans tous les détails d'étude pratique sur
les oiseaux observés dans le centre de l'Europe. Pour lire d'un bout à l'autre tous
les articles de ces trois gros volumes, il
faut sans doute s'armer de courage, car
l'auteur discute longuement ; mais ses observations, très-précieuses, sont le fruit
d'une étude approfondie de la nature.

La seconde partie de l'Ornithologie de
Suède, *Fauna Suecica,* par M. Nilson, publiée en 1821 *, contient des remarques
précieuses faites sur les sujets du cabinet
d'Upsal et sur les dessins de Rudbech, qui
ont servi aux descriptions de Linné. L'auteur suédois, privé par l'éloignement des
moyens d'obtenir promptement les ouvrages nouveaux, n'a point eu connaissance
des travaux de ses contemporains ; il n'a
point connu la première édition du Ma-

---

* La première partie a paru en l'année 1807. Le
texte est en latin ; les figures, en très-petit nombre, sont
très-médiocres.

nuel, publiée en 1815, ni la nouvelle
édition de 1820, qu'il reçut lorsque la
seconde partie de son livre était prête
à voir le jour. Dans la seconde édition
du Manuel, je me suis permis quelques
remarques sur la première partie de ce
livre ; elles paraissent avoir blessé l'amour-
propre de M. Nilson, quoique émises avec
réserve ; il s'en est trouvé offensé. Mon but
dans la critique n'est nullement de porter
la moindre atteinte au mérite personnel ;
je juge les autres selon ma manière de
voir, car j'accepte avec plus de reconnaissance la critique bien fondée que les
louanges exagérées et sans connaissance
de cause. La première sert à m'instruire
et contribue efficacement à guider vers
la connaissance du vrai. En matière de
sciences, un ouvrage sans critique est
comme un mets sans sel.

Un opuscule très-instructif rempli de
faits a été publié en 1822 par M. Faber,
sous le titre modeste de *Prodromus der Is-
ländischen Ornithologie*. Cet écrit de cent

pages contient une série d'observations intéressantes sur la manière de vivre des oiseaux des régions boréales, particulièrement sur les espèces aquatiques qui vivent en Islande. Une seule espèce inédite s'y trouve notée. N'ayant trouvé qu'une erreur dans cet opuscule, il faut bien s'empresser de la signaler *.

Nous avons annoncé dans la seconde édition du Manuel la publication du troisième volume des oiseaux d'Allemagne par MM. Meyer et Wolff; ce volume a paru en 1822 sous le même titre de *Taschenbuch der deutschen Vögelkunde*. Mon

---

* M. Faber attribue erronément au *Carbo graculus* du Manuel tout ce qu'il a observé sur le *Carbo cristatus* d'Olafs, et croit reconnaître le premier sous le plumage de noces ou de parure du second. M. Faber n'a vu que le seul *Carbo cristatus* figuré dans l'ouvrage d'Olafs. Nous venons de publier la figure de ce bel oiseau dans les planches coloriées, 322. Les différences très-marquées entre le *Carbo graculus* et le *Carbo cristatus* se trouvent indiquées dans le texte dudit ouvrage, et paraissent de nouveau dans ce troisième volume.

ami Meyer a fait usage de la seconde édition du Manuel et des observations que je
lui avais fournies depuis la publication de
mon ouvrage; mais il a vérifié de nouveau tous ces matériaux : ce qui rend son
livre très-précieux pour le travail complé-
mentaire que je livre en ce moment au
public. M Meyer avait adopté dans le principe le genre *aigle* (aquila) des auteurs;
dans son troisième volume, il se proposait
de réunir les *aigles* aux autres rapaces diurnes, mais il a maintenu ce genre pour ne
pas offrir une divergence avec les premières parties de ses publications. En effet, quel
est le naturaliste (observateur de la nature)
à même de tracer entre la série des *aigles*
et celle des oiseaux soi-disant *buses* le *caractère stable, approprié* et *facile à saisir,* qui puisse servir de ligne de démarcation dans ces espèces de rapaces. Il ne
serait pas difficile de soutenir sur ce point
une discussion interminable avec le mé-
thodiste qui voit des genres partout, seulement en prenant les espèces européennes

comme objets de comparaison, car nous aurions un trop grand avantage en étendant l'investigation sur la grande série des oiseaux de proie exotiques. On pourrait, j'en conviens, séparer avec plus de succès les *vrais faucons*, les *autours* et quelques autres groupes de rapaces ; mais laissons faire aux découvertes quelques nouveaux progrès, et pensons alors à subdiviser plus rigoureusement ce genre d'oiseaux ; appliquons-nous en attendant à bien connaître les espèces distinctes et à rassembler des faits sur leur manière de vivre, sur les moyens de préhension dont elles sont douées et selon lesquels se règle leur appétit. — On peut en toute confiance s'en rapporter à l'opinion de mon ami Meyer lorsqu'il rejette une coupe générique. Comme ornithologiste observateur il occupe le premier rang, et certes on ne le blâmera pas sur sa réserve à former ou à adopter des genres.

Cette même année a vu paraître *Tagebuch gehalten auf einer Reise durch*

Norwegen; par M. F. Boié. La relation
du voyage se ressent un peu du climat
glacial que l'auteur a parcouru; mais les
remarques faites sur les mœurs des oiseaux de ces contrées ne laissent rien à
désirer: elles m'ont été très-précieuses dans
la rédaction de mon nouveau travail.
Comme les observations faites sur les oiseaux se trouvent intercalées dans la partie historique du voyage, on ne peut les
citer dans les synonymes.

En 1823 a été publié *Lehrbuch der Naturgeschichte aller europäischen Vôgel*,
2 vol. ; par le pasteur Brehm, connu d'une
manière distinguée par l'ouvrage désigné
plus haut. On voit dans celui-ci une suite
de compilations du manuel de Meyer, des
ouvrages de Boié, de Faber, et principalement de la seconde édition de mon Manuel; le naturaliste observateur s'y mon-
re aussi dans quelques lignes très-intéres-
santes. L'auteur fait mention de quelques
oiseaux qu'il indique comme espèces nouvelles, mais qu'on ne peut considérer que

comme variétés accidentelles ou locales. Nous en ferons mention dans nos descriptions.

En 1825 a paru le premier cahier d'un ouvrage en deux livraisons, ayant pour titre: *Über das Leben der hochnordischen Vögel*; par M. Faber, auteur du *Prodromus*. Cette production savante est le fruit d'observations sur la répartition géographique et la manière de vivre des oiseaux du pôle boréal.

Dans le nombre des ouvrages de luxe qui se publient par livraisons avec planches coloriées, on peut faire une honorable mention de l'édition nouvelle in-8° des oiseaux d'Allemagne, par M. Naumann. Cet ouvrage est aujourd'hui parvenu au septième volume du texte et au n° 193 des planches. Il renferme jusqu'au genre *Tringa* inclusivement *. Les descriptions sont faites avec précision; on peut leur re-

---

* L'auteur vient de publier la 1re livraison du 8e vo-

procher d'offrir trop de détails minutieux.
Les planches, en petit format, portent de
trois à six figures d'oiseaux gravées et enluminées par l'auteur avec tant de soin et
d'une manière si exacte, qu'elles ne laissent absolument rien à désirer; ce sont
des chefs-d'œuvre de vérité. L'ouvrage
porte pour titre: *Naturgeschichte der Vögel Deutschlands*. Il se recommande à tous
égards.

M. Selbey vient de publier à Londres
un ouvrage, format atlas, avec les figures
des oiseaux qu'on trouve en Angleterre,
représentés de grandeur naturelle; cet ouvrage a le mérite du luxe typographique;
le texte de cet ouvrage gigantesque est
publié in-8°; il se recommande comme
une compilation fort bien faite.

M. Boitard, de Paris, a fait l'essai d'une
publication des oiseaux d'Europe, avec

---

lume; les planches vont au n° 199. Il est à regretter
que les livraisons paraissent à de si longs intervalles.

planches lithographiées, in - 4°, très-soi-
gneusement coloriées. On regrette que
cet ouvrage ne soit pas continué. La première livraison contient les rapaces diurnes et nocturnes.

Plusieurs mémoires sur les oiseaux
d'Europe, illustrés par la gravure, font
partie des écrits des académies et des ouvrages périodiques : MM. Sabine, OEde-
mann, Vigors, Yarrel, Borelli, Boié, etc.,
en sont les auteurs; ils seront cités aux articles des espèces mentionnées dans ces
opuscules.

En 1824 doit avoir paru à Lund en
Suède, *Skandinavischen Fauna,* en deux
vol.; par M. Nilson; ouvrage que je n'ai
pu me procurer pour en faire usage dans
la rédaction de ma troisième partie du
Manuel. M. Boié en fait l'éloge dans un
article de l'Ornis. Je ne connais aussi les
Ornithologische Beitrage de M. Boié que
par l'analyse dans l'Ornis de M. Brehm.

M. Werner s'est chargé de publier à
Paris les figures lithographiées de toutes

les espèces décrites dans le Manuel d'ornithologie ; le format est le même que celui de notre ouvrage ; les figures sont assez
exactes , et l'enluminure est soignée. J'ai
fait parvenir successivement à M. Werner toutes les espèces rares et peu connues
dont il ne pouvait se procurer les originaux à Paris ; lorsque cet atlas du Manuel
sera terminé, il renfermera la collection
la plus complète de figures enluminées
des oiseaux d'Europe. La 32e livraison de
ce recueil est en vente ; il porte pour titre :
*Atlas des oiseaux d'Europe, pour servir
de complément au Manuel d'ornithologie
de M. Temminck.* La livraison de dix fig.
coûte en noir 3 fr., et coloriées 6 fr. ; et, avec
texte, 50 cent. en sus pour chaque livraison.

En 1825 a paru la première livraison
de l'*Ornithologie provençale, ou description, avec figures coloriées, de tous les oiseaux qui habitent constamment la Provence, ou qui n'y sont que de passage;*
par M. Polydore Roux. Cet ouvrage doit
former deux volumes, avec deux autres de

l'atlas. Un petit nombre de livraisons manquent encore pour compléter cette entreprise, qui offre beaucoup d'intérêt par les
nombreuses observations locales et les descriptions exactes. Les figures lithographiées ne sont pas de main de maître, et
l'enluminure est peu soignée. Quelques
espèces inédites y ont été décrites et figurées pour la première fois.

Une seconde édition des oiseaux de la
Grande-Bretagne a été publiée en 1826;
elle porte pour titre, comme la première :
History of British Birds, by Thomas Bewick; 2 vol. in-8°. Cet ouvrage est très-recommandable pour les descriptions des
mœurs des espèces indigènes ou de passage régulier en Angleterre; les captures
accidentelles y sont consignées avec tous
les incidens qui y ont donné lieu. Toutes
les espèces y sont figurées sur bois et en
tête du texte; ces figures, en noir, sont,
pour ce genre, d'un fini remarquable et
d'une exactitude parfaite; des vignettes

charmantes, également sur bois, terminent chaque article.

De 1824 à 1827 ont été publiées, par le
pasteur C.-L. Brehm de Renthendorf, trois
livraisons petit in-8° de 150 pages, sous le
titre : *Ornis* (oder das Neueste und Wichtig-
ste der Vögelkunde), contenant quelques mémoires publiés par des naturalistes
d'Allemagne, sur les oiseaux, et un petit
nombre traitant de mammifères indigènes.

M. Walter a commencé la publication,
en 1828, d'une Ornithologie du Nord,
grand in-4°, avec planches, ou plutôt ima-
ges des oiseaux de Norvége figurés sans
ordre méthodique : 5 livraisons ont vu le
jour. Le texte est en danois et en allemand.

Ornitologia Toscana, par Paolo Savi ;
3 vol. in-8°, petit format. Cet ouvrage de
M. le professeur Savi est très-intéressant
pour les observations locales, et pour
l'apparition des espèces erratiques dans
cette partie de l'Italie. Le texte est en italien. Le même auteur a fait précéder cet

ouvrage du *Catalogo degli uccelli della provincia pisana*, publié en 1823.

Dans cette même année 1828 a paru *Catalogo d'ornitologia di Genova*, par Girolamo Calvi, professeur à Gênes; opuscule d'environ cent pages, mais du plus grand intérêt pour l'apparition des oiseaux sur les côtes de la Ligurie. Il serait à désirer de voir paraître de semblables productions dans plusieurs parties de l'Europe où les oiseaux de passage abondent. Des matériaux de ce genre, lorsqu'ils sont le fruit de nombreuses observations, servent efficacement aux progrès des sciences.

La Faune française, ou Histoire naturelle générale et particulière des animaux qui se trouvent en France ; *Les Oiseaux*, par M. L.-P. Vieillot; ouvrage in-8°, accompagné de planches dans le même format; les figures sont trop petites pour donner une idée de l'espèce, et pour offrir les caractères et les détails nécessaires.

Plusieurs espèces d'oiseaux d'Europe sont inscrites comme habitant les hautes régions polaires des deux mondes, dans l'appendix du voyage du capitaine Parry, sous le titre : *Account of the animals seen by the late Northern expedition*, by Capt. E. Sabine; Londres, 1821. Cette notice très-intéressante sert de suite et de complément à un mémoire du même auteur sur les oiseaux du Groenland, faisant partie des Annales , ou *Transactions of the Linnean Society*.

La belle et intéressante description *Fauna borealis Americana*, ou Oiseaux des parties septentrionales de l'Amérique, par le docteur Richardson, Londres, 1831, fait mention de plusieurs espèces qui se trouvent aussi en Europe. Les planches, en petit nombre, sont très-bien exécutées. La classification méthodique est de M. W. Swainson.

En 1831 a paru à Ilmenau en Allemagne, *Handbuch der Naturgeschichte aller Vögel Deutschlands*, accompagné de 47 tables de figures d'oiseaux; par le pasteur Brehm. C'est un très-gros volume de 1100

pages, qu'on pourrait réduire à moins de
moitié, en supprimant à peu près les trois
quarts des espèces qui y sont portées comme
sub species; six et souvent sept figures se
disputent l'espace sur une feuille in-8° : ce
sont, à un très-petit nombre près, toutes
répétitions des oiseaux les mieux connus *.
Le système est réparti en 23 ordres, une
série de divisions et de subdivisions secondaires, et en 196 genres (Sippen).

Iconografia della fauna italica, di
Carlo-Luciano Bonaparte, principe di Musignano; Roma, 1832. Ce bel ouvrage,
grand in-4°, dont quatre ou cinq livraisons
viennent de paraître, est destiné à comprendre toutes les classes du règne animal ou tous
les animaux qui se trouvent en Italie; cette
vaste entreprise fait honneur au prince de
Musignano. Les planches de différentes

---

* En donnant, au lieu de ces figures d'espèces connues depuis long-temps, quelques-unes de celles qu'il
dit nouvelles, l'auteur aurait *peut-être* réussi à nous
faire apprécier les distinctions subtiles qu'il signale dans
son texte.

classes d'animaux sont lithographiées avec soin et très-bien coloriées; celles des poissons ne laissent absolument rien à désirer; les oiseaux sont encore en très-petit nombre, une planche dans chaque livraison; le texte est parfait et orné de tout le luxe typographique.

Parmi les ouvrages de luxe se montrent au premier rang les figures coloriées de la *Faune scandinave*, portant pour titre : *Illuminerade figurer till Skandinaviens Fauna med text*. Utgifne af S. Nilson; Lund, 1832. Le 1er volume, format grand in-4°, comprend tous les mammifères et tous les oiseaux de la Scandinavie. Ce beau volume, orné de tout le luxe typographique, est aussi très-riche en observations intéressantes et se recommande par l'exactitude des descriptions. Les 25 planches des mammifères et les 75 figures d'espèces d'oiseaux sont très-soignées, bien coloriées et très-exactes; je cite les planches de ce bel ouvrage dans le troisième volume. Le texte est en langue suédoise.

De tous les ouvrages de luxe, avec
planches coloriées d'oiseaux, il n'en est
aucun qui puisse rivaliser avec l'immense
et brillante entreprise d'une iconographie
complète des oiseaux d'Europe dont s'occupe en ce moment M. Gould, à Londres. *The birds of Europe* sont d'un
fini si parfait, tant pour le dessin, la pose
et l'exacte vérité de l'enluminure, qu'on
pourrait, avec de si beaux portraits, se
passer des originaux montés ; le plus grand
nombre des figures sont dessinées sur le
vivant ; on y voit réunis les deux sexes, souvent le jeune, et toujours les différens états
de mue périodique. Le texte est une compilation faite avec critique et discernement.
L'ouvrage paraît dans le format in-folio, par
cahiers ou livraisons de 20 planches, sur
lesquelles se trouvent de 40 à 45 individus. Les neuf premiers cahiers de ce bel
ouvrage sont en vente.

Quelques oiseaux d'Europe sont figurés dans les *planches coloriées* *, suite aux

---

* Je publie cet ouvrage conjointement avec M. le

planches enluminées de Buffon. J'avais
l'intention de publier encore dans ce recueil quelques espèces nouvelles découvertes récemment en Europe; mais depuis
que M. Gould s'occupe exclusivement de
cette partie, elles lui ont été cédées; je ne
pouvais remettre ce travail en des mains
plus habiles. Ces espèces paraîtront successivement dans l'ouvrage précité.

Seulement quatre espèces d'oiseaux
d'Europe sont figurées dans l'atlas de l'expédition scientifique en Morée. Le catalogue ornithologique de la partie zoolo-
gique de cet ouvrage est rédigé par M. Isidore Geoffroy-Saint-Hilaire.

Les deux opuscules suivans nous parviennent au moment de mettre sous
presse :

Détermination et description des différences d'âge de l'*aigle Bonnelli,* par le
chevalier de la Marmora; *Turin, de l'imprimerie Royale.*

baron Meifren-Laugier de Chartrouse, député, maire
d'Arles.

Gloger , Übersicht der Saügthiere , Vögel, Amphibien und Fische Schlesiens; Breslau.

Je n'ai pas cru devoir donner de synonymie dans les articles qui traitent de la *propagation ,* parce que les nombreux détails sur la construction des nids mèneraient trop loin dans un ouvrage dont le but principal est la concision dans les indications, et son mérite l'exactitude; je présume toutefois qu'il sera agréable à ceux qui s'occupent spécialement de collections de nids et d'œufs des oiseaux d'Europe, de trouver ici l'indication des ouvrages consacrés exclusivement à cette partie de l'ornithologie. Je la présente ici dans une série chronologique.

En 1737 a paru à Venise, *delle Nova e de Nidi degli uccelli.* Les figures sont en noir ; ce qui suffit pour rendre cet ouvrage à peu près insignifiant.

J. -T. Klein. *Ova avium* a paru en 1766; les figures sont coloriées, mais grossières, et le texte est de peu de valeur.

En 1772, *Sammlung von Nestern und Eiern verchiedener Vögel,* par Wirsing et Günther, composé de 102 planches, avec le texte explicatif de 5o planches seulement.

En 1800. *Die vorzüglichsten Singvögel Teutschlands mit ihren Nestern und Eiern.* Les figures sont assez exactes.

Les œufs, dans l'ouvrage de Noseman et Sepp, *Nederlandsche Vogelen,* sont en petit nombre, mais figurés avec précision; ils ne sont pas nommés exactement, mais on les reconnaît suffisamment.

En 1818. J.-T. Naumann und P.-A. Buhle, *Eier der Vögel Deutschlands, etc.,* avec des planches coloriées très-bien faites, enluminées avec soin, mais sans aucun ordre méthodique, et par l'arrangement des œufs pêle-mêle, d'une difficulté rebutante à consulter : il en a paru 5 livraisons avec le texte.

M. Schintz de Zurich a commencé, en 1818, la publication de *Beschreibung und*

Abbildung der Eier und Nester der Vögel, avec quelques planches où les oiseaux se trouvent aussi figurés : la lithographie est peu soignée, et l'enluminure souvent totalement négligée. Cet ouvrage, dont 13 livraisons ont été publiées, est difficile à consulter par le manque d'arrangement systématique.

A son bel et intéressant ouvrage des oiseaux, *Ornithologie provençale,* M. Roux a joint, en 1825, un atlas de figures, d'œufs et de nids ; ces derniers sont d'une grande perfection ; l'enluminure des œufs est plus négligée, mais on les reconnaît parfaitement ; l'ordre méthodique y est observé. Les œufs vont jusqu'à la table 5, et les nids sont au nombre de 17.

De tous les ouvrages de ce genre, il n'en est aucun qui réponde mieux au besoin de la science que celui publié en 1821 par M. G.-A.-W. Thienemann, qui est parvenu à la 4ᵉ division et au genre *Porphyrio* inclusivement. *Die Fortpflanzung der Vögel Europas mit Abbildung der Eier,* est un travail parfait et systématique ; les figures sont d'une exactitude rare, et enluminées avec soin. Cet ouvrage se vend à Leipzig.

En 1832 parurent les premiers cahiers d'une oologie in-8°, sous le titre de *British Oology,* by. W.-C. Hewiton ; il manque encore deux ou trois livraisons comme complément. Belles figures, exécution parfaite et luxe typographique distinguent cet ouvrage et le rendent très-recommandable.

Je termine cette introduction, déjà beaucoup trop longue pour un manuel, par quelques renseignemens indispensables sur la rédaction adoptée dans cette troisième partie.

Afin d'éviter les nombreux inconvéniens qu'offre toujours un supplément, j'ai pensé qu'il serait plus agréable, et surtout plus facile pour ceux qui consulteront ce livre, de suivre exactement le même mode de classification adopté dans la seconde édition, en rappelant toujours chaque

ordre, genre et section, par un renvoi à
la page correspondante dans les deux premières parties ou volumes de cet ouvrage.
J'ai mentionné ensuite chaque espèce pré-
cédemment décrite, en ayant soin que les
dénominations française et latine occupas-
sent une même ligne, en petites capitales et
en italique; sous cette rubrique se trouvent
les additions et corrections à faire pour
chaque espèce; de cette manière, je me
suis vu en état de classer toutes les espèces
nouvelles ou celles inédites dans les premiers volumes, à la place qu'elles doivent occuper dans la série. Ces articles
nouveaux seront faciles à trouver du premier coup d'œil, car ceux-ci portent
en tête les noms français, et en seconde
ligne la dénomination latine avec citations
de l'auteur, absolument avec les mêmes
types des caractères employés pour les
premiers volumes. J'ai rédigé cette troisième partie de manière à pouvoir être
intercalée facilement s'il devenait néces-

saire de publier une troisième édition de
cet ouvrage.

La nouvelle analyse du système général
est conçue selon le même plan.

MANUEL

D'ORNITHOLOGIE.

ORDRE PREMIER.

RAPACES. — *RAPACES.*

Caractères. Voyez *Manuel*, vol. 1, page 1, et planches coloriées.

⁂

GENRE PREMIER.

VAUTOUR. — *VULTUR.*

Caractères. Voyez *Manuel*, vol. 1, page 2. Ajoutez :

Les Vautours ne sont pas aussi lâches qu'on le dit; attaqués, ils se défendent courageusement, se précipitent même sur l'homme, en se servant du bec et des pieds dans la défense. On assure encore que les espèces d'Europe enlèvent souvent des jeunes chèvres et des

agneaux; du moins les pâtres de la Dalmatie
et des îles de la Méditerranée les redoutent
beaucoup comme dévastateurs des troupeaux.
Quand ils trouvent de la nourriture en abondance, ils s'en gorgent au point qu'il leur est
impossible de prendre l'essór. Les pâtres en
tuent souvent dans cet état à coups de bâton.
Ils s'éloignent des montagnes en décembre,
et se rapprochent des côtes : on les voit alors
tournoyer dans les airs par troupes nombreuses, et s'abattre vers le rivage. L'île de
Pago, près du canal de Novigrad, en Dalmatie, en fourmille pendant l'hiver; mais ils
sont farouches, et on ne les approche que par
surprise.

La différence de taille dans les serres n'est
pas aussi forte que chez les autres rapaces : les
jeunes ont du duvet aux parties où les vieux
ont une peau glabre.

VAUTOUR ARRIAN. — *V. CINEREUS.*

C'est le V. ARRIANUS de Picot Lapeyrouse. *Zool. des
Pyrénées.* — Roux. *Ornit. provençale. vol.* 1. *p.* 4. *tab.* 2.
— Temm. *dans les deux Index. Vautour. pl. col.* —
Atlas du Manuel. pl. vieux. — VAUTOUR NOIR. Vieill.
Galerie des Oiseaux, pl. 1. — Id. *Faun. franç. p.* 2.

pl. 1. fig. 1. — Cinereus Vultur. Gould. *Birds of Europ.*
part. 7. figure parfaite. — Grauer Geier. Naum. *Naturg.*
Neue Ausg. tab. 1.— Der Grauer Geier. Brehm. *Handb.*
Vögel Deutschl. p. 8. tab. 2. fig. 1. — Naum. *édit. in-8°.*
Neue Ausg. t. 1. fig. 1.

Accidentellement en Dalmatie, plus commun en Sardaigne : en été sur le Genargentu,
et vers Settino en hiver. On le trouve aussi
en Sicile, rarement en Italie, et jamais dans
les forêts. Les naturalistes du Nord assurent
qu'il ne se montre pas dans ces régions.

M. Tscharner de Bellerive, établi près de
Berne, dit qu'il ne croit pas que cette espèce
ait jamais été tuée en Suisse. Très-accidentellement en Allemagne : un individu fut tué, il
y a plus de six ans, près de Bayreuth.

Propagation. Toujours inconnue. On ne sait pas
même où l'espèce niche. Selon toutes les probabilités,
c'est dans les contrées montueuses de l'Asie.

VAUTOUR GRIFFON. — *V. FULVUS.*

Supprimez de cet article, *Manuel,* vol. 1,
p. 6, tout ce qui est relatif au *Chasse-fiente* de

Levaillant; puis *ajoutez* à l'article des synonymes de l'espèce de cet article :

VULTUR FULVUS. Borkh. *Ornit. Deutschl. pl.* 1. *figure
parfaite.* — *Atlas du Manuel sur un sujet très-vieux de la
ménagerie de Paris.* — Vieill. *Faun. franç. pl.* 1 *et* 2.
— Roux. *Ornit. provenç. v.* 1. *tab.* 3. — Temm. *dans
les deux Index des planc. color.* — DER RÖTHLICHE GEIER.
Brehm. *Handb. Vög. Deutschl.* p. 9. — GRIFFON VULTURE.
Gould. *Birds of Europ.* p. 1 *et* 2. — WEISSKÖPFIGER
GEIER. Naum. *Naturg. Neue Ausg. tab.* 2.

Ajoutez à *habite :*

Vit en très-grand nombre en Dalmatie, surtout en
hiver, lorsqu'il descend des montagnes. Niche en
Sardaigne sur les plus hauts chênes des forêts, où il
construit une aire de bûchettes et de racines de plus
de trois pieds de diamètre. M. Tscharner de Bellerive,
de Berne, me marque qu'il n'habite pas les Alpes
suisses, et ne s'y montre que très-accidentellement.

Nourriture. Animaux morts; attaque aussi les animaux vivans. Il est plus courageux que l'espèce précédente.

Propagation. Ajoutez : niche sur les plus hauts arbres
des forêts. Selon M. Thienemann, l'œuf ou les deux
œufs qu'il pond, sont d'un blanc verdâtre, à surface
rugueuse.

Remarque. On énumère aussi parmi les oiseaux de

passage accidentel, le VAUTOUR CHASSE-FIENTE * de Levaillant. (*Ois. d'Af. v.* 1. *pl.* 10.) Mais n'ayant pù me
procurer aucune notion exacte de l'apparition de cet
oiseau en Europe, je préfère n'en point faire autre
mention dans ce recueil. On observera seulement de
ne pas admettre dans les synonymes de cette espèce,
qui porte *une fraise de plumes longues et subulées,* ni
mon VAUTOUR HINDOU ou CHAUGOUN **, *pl.* 26, ni le
VULTUR KOLBII, *pl.* 32 de l'atlas du Voyage de M. Ruppel; car le *Chaugoun* a *les plumes de la fraise courtes et
arrondies par le bout.* — A juger seulement par la vue
des figures données dans les Illustrations of Indian
Zoology, of Hardwicke, je serais porté à prendre la
figure sous la rubrique *Vultur Bengalensis* pour un
Chasse-fiente, et celle du *Vultur leuconota* pour un
Chaugoun jeune, ou de moyen âge.

---

* C'est le *Strontjager* du Voyage de Kolbe, ou *Vultur
Kolbii.* (Lath. *Ind. Ornit. suppl. v.* 2. *p.* 1.)

** VULTUR INDICUS. Lath. *Ind. Ornit. sp.* 15. — LE CHAU-
GOUN. Levaillant. *Ois. d'Afriq. v.* 1. *pl.* 11. *jeune.*

GENRE DEUXIÈME.

CATHARTE. — *CATHARTES.*

Caractères. Voyez *Manuel*, vol. 1, p. 7, et planches coloriées.

CATHARTE ALIMOCHE. — *C. PERCNOPTERUS.*

Ajoutez aux synonymes :

Atlas du Manuel, pl. lithog. — VULTUR CINGINIANUS. Lath. *Ind. Ornit. vol.* 1. *p.* 16. — VAUTOUR DE GINGI. Sonner. *Voy. vol.* 2. *p.* 148. — NEOPHRON PERCNOPTÈRE. Vieill. *Faun. franç. pl.* 2. *fig.* 1 *et* 2. — Roux. *Ornit. provenç. p.* 7. *tab.* 4. *adulte. tab.* 5. *jeune.* — CAPORACCAJO. Savi. *Ornit. Tosc. v.* 1. *p.* 6. — SCHMUTZIGER AASVOGEL. Naum. *Neue Ausg. tab.* 3. *adulte et jeune.*

M. Roux dit que c'est le plus sale des Vautourins : il est connu près d'Arles sous le nom de *Capon-fé.* On le voit sans cesse à la recherche des charognes et des excrémens humains ; mais il se nourrit aussi de rats et de serpens.

Les individus du midi de l'Afrique sont toujours d'une taille plus forte que ceux d'Égypte et d'Europe. Il est très-commun à l'île d'Elbe et en Toscane.

On dit que sa ponte est de trois ou quatre œufs.

M. Yarell me marque, qu'en 1826 un individu fut tué en Somersetshire, et un autre en 1832.

GENRE TROISIÈME.

GYPAÈTE. — GYPAETUS.

Caractères. Voyez *Manuel*, vol. 1, p. 10, et texte des planches coloriées.

Le Gypaète est actuellement l'un des oiseaux les plus rares de l'Europe : autrefois toutes les hautes montagnes du Tyrol, de la Suisse et de l'Allemagne en étaient peuplées. On cite même des chasseurs du dix-huitième siècle qui en ont tué quarante, cinquante ou soixante. Le chasseur Andreas Durner, cité par M. Michahelles, en avait tué de sa main soixante-cinq. Il est encore assez commun en Sardaigne.

J'ai reçu des individus du nord de l'Afrique, et un nombre assez considérable du Cap de Bonne-Espérance : tous ces sujets ne diffèrent pas de ceux de nos Alpes.

GYPAÈTE BARBU. — *G. BARBATUS.*

Ajoutez aux synonymes :

GYPAÈTE BARBU EN LIVRÉE COMPLÈTE. *pl.* color. 431. adulte. — *Atlas du Manuel, tab. lithog.* — Naum. *Vög. nouv. édit. v.* 1. *p.* 180. *tab.* 4.—Brehm. *Vög. Deutschl. p.* 12. *tab.* 1. *fig.* 2. —BEARDED VULTUR (GYPAETUS BARBATUS). Gould. *Birds of Europ. part.* 7. *figure magnifique.* — Et sous la livrée du jeune âge. *Naum. nouv. édit. v.* 1. *tab.* 5 ; ainsi que le PHÉNÉ DES ALPES. ROUX. *Ornit. provenç. v.* 1. *tab.* 5 *bis.*—AVOLTOJO BARBUTO. Savi. *Ornit. Tosc. v.* 1. *p.* 9. —BÄRTIGER GRIEBADLER. Naum. *tab.* 5. *le jeune.*

GENRE QUATRIÈME.

FAUCON. — *FALCO.*

Caractères. Voyez *Manuel*, page 13, et ajoutez que :

Tous les oiseaux de proie mettent plusieurs années, de trois à six, ou sept ans, avant de se revêtir de la livrée parfaite : chaque mue opère un changement plus ou moins marqué dans la distribution des couleurs, ou à la forme des taches, des raies et des bandes du plumage.

PREMIERE DIVISION.

FAUCONS PROPREMENT DITS.

Tous les Faucons proprement dits d'Europe ont l'iris brun.

FAUCON GERFAUT. — *F. ISLANDICUS.*

Les deux espèces que M. Brehm veut établir ne diffèrent pas spécifiquement, et n'ont point de forme constante. L'élévation du crâne au-dessus de l'occiput, et plus de force dans le volume du bec chez son *F. islandicus*, ne le font pas distinguer suffisamment de son *F. groenlandicus*, qui aurait le bec médiocre et l'occiput plus élevé que le coronal. La plupart, sinon toutes les espèces (*subspecies*) formées en si grand nombre par M. Brehm, dans la classe des oiseaux de proie diurnes, reposent sur des caractères de cette trempe. On doit les mettre au rang des *variétés locales :* comme telles, on devrait leur laisser la dénomination spécifique, mais en ajoutant une indication de la localité.

Voyez, sur les mœurs de cette espèce, Boié, *Reise durch Norw.* Il paraît que les vieux ne quittent point les régions du cercle arctique. Assez abondant en Islande. (Faber. *Prod. Island. Vög. — Atlas du Manuel, pl. lithog. l'adulte vieux.*)

Ajoutez aux synonymes les figures suivantes :

Jer-Falcon. Gould. *Birds of Europ. part.* 3. *jeune et adulte, ou vieux.* — Jagdfalke. Naum. *Naturg. Neue Ausg.* tab. 21. *mâle et femelle.* — Id. tab. 22. *jeune, mâle et femelle.*

Ajoutez à *propagation :*

Pond deux ou trois œufs arrondis, dont le fond est bleuâtre, avec des taches brunes rougeâtres très-rapprochées.

FAUCON LANIER. — *F. LANARIUS.*

Les jeunes du *Lanier* diffèrent peu par le plumage, non-seulement de ceux du *F. pèlerin;* mais les uns et les autres ressemblent plus ou moins aux jeunes de l'année des espèces exotiques figurées dans nos planches coloriées, sous les noms de *Faucon pélégrinoïde* et *biarmique*, deux espèces d'Afrique plus petites que notre *F. pélerin*, et disparates de plumage dans l'état adulte. Il sera facile de reconnaître les jeunes *Laniers* des jeunes *Pélerins* par les pieds, qui sont bleus ou bleuâtres chez les premiers et jaunâtres chez les seconds. Les *Laniers* ont aussi le doigt du milieu plus court, les ailes moins longues, et les parties inférieures portent un plus grand nombre de taches que dans les *Pélerins*.

Habite. L'Asie, et visite périodiquement quelques parties de la Hongrie et de la Pologne; niche en Russie. M. Nilson décrit un jeune; très-rare en Islande.

Ajoutez aux synonymes :

Meyer. *Taschenb. Vög. Deutschl. v.* 3. *p.* 16. — *Atlas du Manuel*, *pl. lithog. la vieille femelle.* — SCHLACHT- oder WÜRG-FALKE. Brehm. *Vög. Deutschl. pl.* 61. — Naum. *Neue Ausg. tab.* 23. *fig.* 1. *vieille femelle. fig.* 2. *jeune mâle.*

FAUCON PÉLERIN. — *F. PEREGRINUS.*

Ce Faucon sert à M. Brehm à l'établissement d'une nouvelle espèce sous le nom de *F. cornicum.* Elle aurait seulement le crâne plus élevé et l'occiput plus long que le *vrai Pélerin.*

Ajoutez aux synonymes :

FAUCON COMMUN. Vieill. *Faun. franç. p.* 29. *pl.* 13. *adulte. fig.* 1. *jeune. fig.* 2.—Roux. *Ornit. provenç. v.* 1. *p.* 49. *tab.* 29 *et* 3o. — Nilson. *Skandin. Faun. pl.* 62. *jeune.* — FALCONE. Savi. *Ornit. Tosc. vol.* 1. *p.* 4o. — *Atlas du Manuel, pl. lithog. vieux mâle.* — SCHLACHT- oder WÜRG-FALKE. Brehm. *Vög. Deutschl. p.* 61. est un *Lanier;* son KRÄHEN und WANDER-FALKE. Id. *p.* 62. est le *Pélerin.* — TAUBENFALKE. Naum. *Naturg. Neue Ausg. tab.* 24, *le mâle vieux et jeune; et tab.* 25, *la vieille femelle et la jeune femelle.*

FAUCON HOBEREAU. — *F. SUBUTEO.*

Celle-ci sert encore au naturaliste Brehm, à l'établissement d'une espèce nominale dési- gnée sous le nom de *F. hirundinum.* Tous les caractères consistent en ce que ce dernier a le bec de moyenne largeur à sa base et la tête en pointe, à coronal élevé en bosse; tandis que le *Subuteo* proprement dit a le bec large à sa base, et la tête longue et déprimée.

Ajoutez aux synonymes, outre les deux es- pèces nominales ci-dessus désignées :

Brehm. *Vög. Deutschl. p.* 64 *et* 65. — Vieill. *Faun. franç. p.* 31.—Roux. *Ornit. provenç. v.* 1. *p.* 51. *tab.* 33

— HOBBY. Gould. *Birds of Europ. part.* 6. *mâle et femelle, vieux.* — LODOLAJO. Savi. *Ornit. Tosc. v.* 1. *p.* 42. — *Atlas du Manuel, pl. lithog. vieux mâle.* — LERCHENFALKE. Naum. *Naturg. Neue Ausg. tab.* 26. *vieux et jeune mâle.*

FAUCON ÉMÉRILLON. — *F. ÆSALON.*

Selon M. Brehm, il faudrait ajouter une nouvelle espèce : *F. subcæsalon*, plus forte de taille, à coronal plus élevé, et le bec plus large.

Ajoutez aux synonymes :

Vieill. *Faun. franç. p.* 33. — Roux. *Ornit. provenç. v.* 1. *p.* 53. *tab.* 31 *et* 32. — STEN FALKEN. Nilson. *Skandin. Faun. tab.* 41. — MERLIN. Gould. *Birds of Europ. part.* 6. *jeune et vieux mâle.* — SENEVIGLIO. Savi. *Ornit. Tosc. v.* 1. *p.* 43. — *Atlas du Manuel, pl. lithog. vieux mâle.* — Naum. *tab.* 27. *fig.* 1 *et* 2. *mâle et femelle adulte. fig.* 3. *jeune mâle.*

Niche très-rarement dans les parties tempérées de l'Europe, et seulement dans les régions les plus élevées. Il habite pendant cette période de l'année en Norwége, en Suède et dans tout le Nord, là où la *Cresserelle* (*F. tinnunculus*) n'existe pas; les contrées rocheuses de la Norwége et l'île Bornholm dans la Baltique.

FAUCON CRESSERELLE. — *F. TINNUNCULUS.*

Cette espèce, très-répandue et commune dans plusieurs parties de l'Europe, forme chez M. Brehm trois espèces distinctes, désignées par les noms de *Hochköpfiger* (à tête élevée), *Mittlerer* (moyenne), et *Plattköpfiger* (à tête déprimée); dénominations qui servent suffisamment d'indices des caractères différentiels attribués à ses trois sub-espèces comprises sous le nom de *Cresserelle.*

Remarque. Je ne réfuterai plus de pareilles indications. Ceux qui voudront multiplier le catalogue des noms et des espèces pour chaque variété accidentelle ou locale, pourront consulter l'ouvrage du pasteur Brehm, dont je cite la nomenclature aux articles des espèces bien constatées.

Ajoutez encore aux synonymes :

Vieill. *Faun. franç. p.* 34. *pl.* 16. *fig.* 1 et 2. — Roux. *Ornit. provenç. v.* 1. *p.* 58. *tab.* 39 et 40. — Th. KESTREL. Gould. *Birds of Europ. part.* 5. — GHEPPIO. Savi. *Ornit. Tosc. v.* 1. *p.* 45. — *Atlas du Manuel, pl. lithog. vieux mâle.* — Naum. *Naturg. Neue Ausg. tab.* 30.

La *Cresserelle* vit en Afrique, du nord au midi : on la trouve aussi au Sénégal. En Europe, elle ne vit pas habituellement au-delà des régions du cercle arctique. L'*Émérillon* la remplace dans ces contrées.

FAUCON CRESSERELLETTE. — *F. TINNUN-CULOIDES.*

La *Cresserellette* est une espèce propre aux contrées méridionales : elle est sédentaire en Morée, où elle vit, comme notre *Cresserelle*, dans les tours élevées et dans les vieux édifices. M. Savi observe qu'elle paraît seulement de temps en temps en Italie, et rarement en Toscane. Son apparition sur les bords de l'Adriatique est aussi accidentelle.

L'apparition de cette espèce dans les îles de la Méditerranée semble avoir lieu lorsque les nuées de sauterelles, forcées par une saison très-sèche, quittent l'Afrique et traversent la Méditerranée pour se répandre sur les plaines cultivées de l'Italie. Cet oiseau, qui en fait sa nourriture principale, visite alors ces contrées, qu'il quitte ordinairement lorsque les sauterelles abandonnent le pays.

M. Cantraine remarque qu'il a été très-commun en Toscane en 1827, dans les mois de mai et de juin. Son apparition accidentelle est

connue à Naples, en Sicile et en Sardaigne.
Le sujet tué par le naturaliste cité, le fut en
juin 1831, dans les plaines arides près de Zara
en Dalmatie.

M. Bory de Saint-Vincent, qui en tua plusieurs en Morée, où il est sédentaire, dit qu'il
fait sa nourriture principale de lézards, de
petits reptiles, d'insectes, et surtout de sco-
lopendres. — Les *ongles* de cet oiseau sont
jaunes et non pas *blancs*, comme il est dit
dans le *Manuel.*

Ajoutez aux synonymes :

Faucon cresserellette. Exp. scient. de Morée. *pl.* 2
et 3. *le mâle et la femelle à l'état adulte.* — *Atlas du
Manuel, tab. lithog. mâle.* — Faucon cresserine. Vieill.
Faun. franç. p. 36. *pl.* 16. *fig.* 3. — Roux. *Orn. prov.
vol.* 1. *p.* 60. *tab.* 41. *mâle* ● *lte.* — Falco Naumanni.
Fischer. *Jahrgang.* 1818. — Falco xanthonyx. Natter.
— Röthelfalke. Naum. *Vög. nouvelle édition. vol.* 1.
p. 318. *tab.* 29. *fig.* 1 *et* 2. *mâle et femelle.* — Meyer.
Taschenb. v. 3. *p.* 17. — Kleiner thurmfalke. Brehm.
Vög. Deutschl. p. 74. — Lesser kestrel. Gould. *Birds
of Europ. part.* 1. *le mâle adulte.* — Falco grillajo.
Savi. *Orn. Tosc. v.* 1. *p.* 47.

M. Natterer a tué cet oiseau en Silésie et à
Trieste. On le trouve aussi en Espagne.

FAUCON KOBEZ. — *F. RUFIPES* (Beseke).

La vieille femelle, figurée par M. Gould, a le sommet de la tête unicolore : les stries, sur cette partie, sont des indices d'un âge moins avancé.

L'apparition de cette espèce dans le Midi est aussi accidentelle. M. Roux dit qu'elle ne se renouvelle pas assez souvent en Provence, pour qu'on puisse la mettre au rang des oiseaux de passage de ce pays. Il est probable que cette espèce est conduite dans les parages de la Méditerranée par l'apparition accidentelle d'insectes dont elle se nourrit habituellement. De passage en très-grand nombre, en Provence, pendant le mois de novembre 1821 : accidentellement en Angleterre.

Ajoutez aux synonymes :

Faucon kobez. Vieill. *Faun. franç. p.* 32. — Roux. *Ornit. provenç. v.* 1. *p.* 56. *tab.* 34, 35, 36, 37 *et* 38, où M. P. Roux fournit plusieurs indications des différens états de mue. — Blassgrauer rothfussfalke. Brehm. *Vög. Deutschl. p.* 76. — Naum. *Naturg. Neue Ausg. tab.* 28. *mâle et femelle. fig.* 3. *jeune mâle.* — Voyez, pour les mœurs de cette espèce, Savi. *Ornit. Tosc. v.* 1.

*p. 53. — RED-FOOTED FALCON. Gould. Birds of Europ.
part. 1. mâle et femelle, adultes. — FALCO CUCULO. Savi.
Ornit. Tosc. v. 1. p. 50. — Atlas du Manuel, pl. lithog.
vieux mâle.*

DEUXIÈME DIVISION.

AIGLES PROPREMENT DITS.

Il est nécessaire de faire la remarque que
les Aigles, particulièrement les grandes espèces, ont besoin de cinq ou six années, ou de
six à sept mues, pour se revêtir de la livrée
parfaite et invariable de l'espèce. Les grandes
pennes des ailes et de la queue sont les dernières parties du plumage qui changent de
couleur : ces pennes portent souvent encore
les teintes de l'âge moyen, tandis que le reste
de la livrée est à l'état parfait.

AIGLE IMPÉRIAL. — *F. IMPERIALIS.*

Ajoutez aux synonymes :

*Temm. et Laug. pl. col. 151 et 152, et le texte où il est
fait mention des principales différences entre cet Aigle et
l'Aigle royal. — KÖNIGSADLER. Meyer. Taschenb. Deut.
v. 3. p. 5. — Naum. Vög. Neue Ausg. v. 1. p. 201.*

tab. 6. *vieille femelle. tab.* 7. *jeune mâle.* — DER SÜDLICHE
GOLDADLER. Brehm. *Vög. Deut. p.* 22. — Id. *Beit. zur.*
Vögelk. v. 2. *p.* 476. — AQUILA IMPERIALE. Savi. *Ornit.*
Tosc. v. 1. *p.* 17. — *Atlas du Manuel, pl. lithog. vieux*
mâle. — Naum. *tab.* 6 *et* 7.

AIGLE ROYAL. — *F. FULVUS.*

Atlas du Manuel, pl. lithog. — M. Brehm fait
de cet Aigle trois espèces, sous les noms de
à tête plate, à tête élevée, et *septentrional,* ou
chrysaëtos, melanaëtos et *fulva.*

AIGLE COMMUN. Vieill. *Faun. franç. p.* 8. *pl.* 4. *fig.* 1.
— Roux. *Ornit. provenç. vol.* 1. *p.* 11. *tab.* 6. — Naum.
Vög. Neue Ausg. édition in-8°. tab. 8 *et* 9. — Nilson.
Skand. Faun. tab. 1 *et* 16. — GOLDEN EAGLE. Gould.
Birds of Europ. part. 6. *adulte et jeune.* — AQUILA REALE.
Savi. *Ornit. Tosc. vol.* 1. *pag.* 20. — M. Meyer a décrit
comme jeune de cette espèce, voyez *Taschenb. p.* 15.
var. a., un jeune du *Falco imperialis.* — STEINADLER.
Naum. *Naturg. Neue Ausg. tab.* 8. *vieux mâle,* et *tab.* 9.
jeune mâle.

AIGLE BONELLI.

FALCO BONELLI (TEMM.).

Remarquable par son petit bec et ses serres
puissantes ; queue carrée ; ailes couvrant celle-ci

jusqu'à deux pouces de son extrémité ; jambes longues, totalement emplumées.

Parties supérieures d'un brun plus ou moins foncé, sans taches très-marquées ; parties inférieures d'un roux de rouille plus ou moins vif ; les baguettes de toutes ces plumes d'un brun noirâtre, ou bien des mèches plus ou moins grandes en stries longitudinales ; pennes de la queue cendrées ou légèrement roussâtres, unicolores, à bande terminale brune, ou bien marquées de bandes brunes très-distantes ; cire et doigts jaunes ; iris d'un brun noisette. Longueur totale, deux pieds. *Le vieux mâle.*

La vieille femelle est en dessus d'un brun noirâtre ; joues, gorge, côtés et devant du cou d'un roux de rouille marqué de petites stries brunes le long des baguettes ; toutes les autres parties inférieures d'un roux de rouille moins vif, chaque plume étant marquée d'une large mèche longitudinale brune, et toutes les baguettes noires ; de semblables stries couvrent les plumes du tarse ; couvertures inférieures des ailes noires ; base des rémiges et des pennes secondaires d'un gris foncé marbré de noir ; pointes des rémiges totalement noires ;

queue d'un cendré pur, marquée de vestiges
de bandes ou presque unicolore : toutes les
pennes ont une large bande noirâtre vers la
pointe, qui est plus ou moins blanchâtre. Bec
noir à la pointe et verdâtre vers la base; doigts
jaunâtres. La femelle porte en longueur totale
de deux pieds à deux pieds six pouces.

Un sujet, probablement plus jeune, m'a
offert le signalement suivant :

La tête, la nuque, le dos, les scapulaires et
les ailes d'un brun cendré, marqué, le long
des baguettes, de mèches ou de stries d'un
brun noirâtre; toutes les grandes couvertures,
les scapulaires et les pennes des ailes rayées
à intervalles très-larges de bandes noires
disposées en zigzag; les rémiges et les pennes
secondaires blanches sur les barbes intérieures, rayées de bandes noirâ s; toutes les
pennes de la queue sont, en dessus, d'un cendré brun, marqué de neuf ou dix bandes
transversales séparées par des intervalles du
double plus larges que les bandes; toutes ces
pennes sont terminées de roux doré plus ou
moins vif; en dessous, la queue est blanchâtre, avec une teinte roussâtre, et marquée
de faibles indices de bandes transversales; le

devant du cou, la poitrine et le ventre sont
d'un roux clair, et les baguettes des plumes
sont brunes ; les cuisses, les plumes des tarses,
l'abdomen et les couvertures inférieures de la
queue sont d'un blanc sale nuancé de roussâtre et sans taches.

Les jeunes de l'année ont des stries très-
fines sur les baguettes ; les parties inférieures
sont d'un roux clair ; toutes les pennes des
ailes et de la queue sont terminées de blanc.

Le *Falco Bonelli* doit avoir été indiqué par
Cetti. M. Savi en publia une description tra-
duite de celle que j'ai fournie, *Recueil de
planches coloriées, table* 288, *sur une femelle
semi-adulte.* Depuis, j'ai reçu deux autres
femelles et un mâle adulte ; tous varient plus
ou moins par les teintes et les distributions
dans les stries longitudinales, comme dans le
nombre des bandes à la queue, qui varient
également. M. Gould (*Birds of Europe*) pu-
bliera sous peu des figures de cet aigle.

Habite. M. Cantraine a tué deux sujets dans les
parties méridionales de la Sardaigne, du côté de
Domas-Novas, où M. le chevalier de La Marmora avait
également trouvé les sujets qu'il remit le premier à
M. Bonelli, de Turin. Se trouve aussi en Égypte, à

Tripoli et à Tunis. J'ai reçu un individu du nord de l'Afrique, absolument semblable à ceux tués en Sardaigne, où l'espèce paraît peu nombreuse dans le voisinage des marais.

Nourriture. Oiseaux aquatiques.

Propagation. Niche en Sardaigne dans les crevasses des rochers; pond deux œufs, dont la forme et la couleur ne sont point encore connues.

AIGLE CRIARD. — *F. NÆVIUS.*

Ajoutez aux synonymes :

Atlas du Manuel, pl. lithog. — AIGLE PLAINTIF. Vieill. *Faun. franç. p.* 8. *pl.* 4. *fig.* 2. — Roux. *Ornit. provenç. v.* 1. *p.* 14. *tab.* 7. *le jeune mâle. tab.* 8. *la jeune femelle.* — AQUILA ANATRAJA. Savi. *Ornit. Tosc. v.* 1. *p.* 22. — DER SCHREIADLER. Brehm. *Vög. Deut. p.* 26. — Naum. *Vög. édit. in-8°. v.* 1. *p.* 217. *tab.* 10. *jeune mâle. tab.* 11. *femelle.*—AQUILA BIFASCIATA de Hornschuch et de Brehm. *Vög. Deut. p.* 25. n'est, très-probablement, qu'un jeune de l'*Aigle criard.*

AIGLE BOTTÉ. — *F. PENNATUS.*

L'iris de cette espèce n'est pas, comme je l'ai dit, *jaune*, mais d'un *brun foncé.*

Ajoutez aux synonymes de l'adulte :

AIGLE BOTTÉ. Temm. et Laug. *pl. color.* 33. *le mâle adulte.*
— *Atlas du Manuel, tab. vieux.* — GESTIEFELTER ADLER.
Brehm. *Vög. Deut. p.* 28. *tab.* 2. *fig.* 2. A ceux du
jeune âge. — DIE ZWERGADLER. Brehm. *Beiträge zur
Vög. Deut. v.* 1. *p.* 68. *tab.* 2. *jeune mâle.* Vérifié tel,
d'après un dessin fait sur l'individu décrit par M. Brehm.
— Meyer. *Ornit. Taschenb. v.* 3. *p.* 10.

M. de Riocour m'écrit que cet Aigle se trouve
aux environs de Madrid ; il niche sur les grands
arbres des environs d'Aranjuez. Son vol ne
ressemble pas à celui des Buses, mais plus à
celui des Faucons. Quelques individus ont été
tués en France.

AIGLE JEAN-LE-BLANC. — *F. BRACHYDACTYLUS.*

Ajoutez aux synonymes :

Atlas du Manuel, pl. lith. — CIRCÆTE JEAN-LE-BLANC.
Vieill. *Faun. franç. p.* 13. *pl.* 6. *fig.* 2. — Roux. *Ornit.
prov. v.* 1. *p.* 22. *tab.* 12.—HOCHKÖPFIGER et PLATTKÖPFIGER
SCHLANGENADLER. Brehm. *Vög. Deut. p.* 36 *et* 37. —
BIANCONE. Savi. *Ornit. Tosc. v.* 1. *p.* 27.—FALCO LONGIPES.
Nilson. *Ornit. suecica. est un jeune Jean-le-Blanc.* —
NATTERNADLER. Naum. *Naturg. Neue Ausg. tab.* 15. *le
mâle.*

M. Roux dit que son cri est ordinairement une espèce de sifflement aigu. Sa vue, très-perçante, ne paraît nullement incommodée des rayons du soleil. Il place son nid tantôt sur les arbres élevés, tantôt très-près de terre.

M. Meyer dit que les œufs, au nombre de trois, sont d'un gris d'ardoise, avec quelques taches d'un brunâtre clair. Je n'en ai jamais vu d'un gris aussi foncé : s'ils étaient de cette teinte, les taches brunâtres claires ne seraient pas marquées ; car celles-ci sont toujours plus foncées que la couleur du fond.

On dit que cet oiseau, jadis commun en France, y est rare aujourd'hui. Il est également rare en Belgique et en Italie.

AIGLE BALBUSARD. — *F. HALIÆTUS.*

Ajoutez aux synonymes :

Atlas du Manuel, pl. lithog. — PANDION FLUVIATILE. Vieill. *Faun. franç. p.* 11. *pl.* 6. *fig.* 1. — Roux. *Ornit. provenç. v.* 1. *p.* 19. *tab.* 11. — FALCO PESCATORE. Savi. *Ornit. Tosc. v.* 1. *p.* 12. — OSPREY. Gould. *Birds of Europ. part.* 7. *adulte et jeune. figures parfaites.* — HOCHKÖPFIGER et PLATTKÖPFIGER FISCHADLER. Brehm. *Vög.*

Deut. p. 33. *tab.* 2. *fig.* 3. *un jeune.* — FLUSSADLER.
Naum. *Naturg. Neue Ausg. tab.* 16.

Les individus 'du Japon, sous le nom de
Isowase, ne diffèrent pas de ceux d'Europe ;
et les sujets tués au Cap de Bonne-Espérance
leur ressemblent parfaitement. M. Boié l'indique comme vivant en Norwége.

AIGLE PYGARGUE. — *F. ALBICILLA.*

Ajoutez aux synonymes :

Atlas du Manuel, pl. lithog. la vieille femelle. — Le
PYGARGUE (Haliætos nisus). Vieill. *Faun. franç. p.* 19.
pl. 5. *fig.* 1 *et* 2. — Roux. *Ornit. provenç. vol.* 1. *p.* 16.
tab. 9 *et* 10. — AQUILA DI MARE. Savi. *Ornit. Tosc. p.* 15.
— SEEADLER. Meyer. *Taschenb. v.* 3. — HALIÆTOS ALBI-
CILLA, — ORIENTALIS, — BOREALIS, — ISLANDICUS et GROEN-
LANDICUS. Brehm. *Vög. Deut. tab.* 3. *fig.* 1. *un sujet
très-vieux.* — SEEADLER. Naum. *Naturg. Neue Ausg.
tab.* 12. *très-vieux mâle. tab.* 13. *vieille femelle. tab.* 14.
jeune mâle.

Dans ses migrations, il paraît suivre les
bandes les plus nombreuses des oies, *Anser
segetum,* qui se rendent en automne aux em-
bouchures des rivières, où se réunissent aussi
les autres espèces d'oies nomades. Son départ

a lieu lorsque les oies quittent le pays. Très-
commun en hiver sur le littoral du Danemark ; vit aussi en Islande. (Faber. *Prod.
Island. Vög.*)

AIGLE A TÊTE BLANCHE. — *F. LEUCOCEPHALUS.*

Ajoutez aux synonymes :

Atlas du Manuel, pl. lithog. la vieille femelle.—WHITE-
HEADED EAGLE. Gould. *Birds of Europ. part.* 8. *vieux et
jeune.* — WEISSKÖPFIGER ADLER. Meyer. *Taschenb. v.* 3.
— Brehm. *Vög. Deut. p.* 17.

Commun en été sur les îles Hoffodes en
Norwége. Niche, suivant M. Boié, sur les
rochers de l'île Valroë.

TROISIEME DIVISION.

AUTOURS.

AUTOUR. — *F. PALUMBARIUS.*

Ajoutez aux synonymes :

Atlas du Manuel, pl. lithog. le vieux mâle. — Naum.
Naturg. Neue Ausg. tab. 17. *vieux mâle. tab.* 18. *jeune
mâle.* — ÉPERVIER-AUTOUR (*sparvius palumbarius*). Vieill.
Faun. franç. p. 38. *pl.* 18. *fig.* 1 *et* 2. — Roux. *Ornit.*

provenç. v. 1. *p.* 65. *tab.* 45.—Dᴇᴜᴛsᴄʜᴇʀ und Noʀᴅɪsᴄʜᴇʀ ʜᴀʙɪᴄʜᴛ. (*Astur gallinarum* et *palumbarius.*) Brehm. *Vög. Deut. p.* 83 *et* 84. — Tʜᴇ Gosʜᴀᴡᴋ. Gould. *Birds of Europ. part.* 7. *la femelle vieille et la jeune.* — Asᴛoʀᴇ. Savi. *Ornit. Tosc. v.* 1. *p.* 55.

Le nombre des individus qui nichent dans les contrées du centre de l'Europe n'est pas considérable : c'est un oiseau de passage qui nous arrive du Nord, et vit l'hiver dans le Midi.

Les *œufs* sont d'un gris verdâtre, sans aucune tache.

ÉPERVIER. — *F. NISUS.*

Ajoutez aux synonymes :

Atlas du Manuel, pl. lithog. — Naum. *Naturg. Neue Ausg. tab.* 19. *mâle, vieux et jeune. tab.* 20. *vieille et jeune femelle.* — Éᴘᴇʀᴠɪᴇʀ ᴄoᴍᴍᴜɴ. Vieill. *Faun. franç. p.* 37. *pl.* 17. — Roux. *Ornit. provenç. v.* 1. *p.* 63. *tab.* 42, 43 *et* 44. — Fɪɴᴋᴇɴ sᴘᴇʀʙᴇʀ und ᴠᴀʀ. Brehm. *Vög. Deut. p.* 86 à 88. — Sᴘᴀʀʀoᴡ ʜᴀᴡᴋ (*Accipiter fringillarius*). Gould. *Birds of Europ. part.* 5. *mâle et femelle adultes.* — Sᴘᴀʀᴠɪᴇʀᴇ. Savi. *Ornit. Tosc. v.* 1. *p.* 57.

Je ne saurais affirmer ou nier l'existence de l'espèce établie par MM. Becker et Meisner, sous le nom de GRAND ÉPERVIER, *F. nisus ma-jor* (*Vög. der Schweitz*, *p.* 21), n'ayant pas vu de sujets désignés sous ce nom.*

---

* Voici la description fournie par M. Meisner, qui l'emprunte de M. Becker :

Le bec est fort, la cire d'un gris jaunâtre, l'iris et les pieds jaune-citron. La tête est d'un brun cendré marqué de nombreuses taches blanches ; la nuque brunâtre *par-ci par-là* (hier und da) marquée de plumes blanches ; tout le dessus du corps et de la queue plus brunâtre que bleuâtre ou cendré ; poitrine, dessous du corps et cuisses rayés de bandes noirâtres sur fond blanc ; queue rayée de cinq bandes et terminée par un liseré d'un brun clair, en dessous d'un blanc sale. Cette espèce, *disent les auteurs cités*, diffère de la petite, 1° par la plus grande taille. (*Remarque.* Ce caractère est nul dans la femelle des oiseaux de proie, qui varient considérablement en grandeur selon les localités.) La queue porte dix-huit lignes de plus. 2° Les œufs sont plus grands et plus arrondis, seulement pointillés de brun, à grand intervalle gris-blanc. 3° Le mâle et la femelle se ressemblent à peu près complètement ; ce qui n'est pas le cas chez la petite espèce. 4° Les mâles n'ont point de teinte brune rougeâtre au ventre ni aux cuisses, comme dans le mâle de la petite espèce.

M. Delahaye me marque qu'il a tué cet oiseau près d'Amiens. Il dit que *l'iris est rouge.*

QUATRIÈME DIVISION.

MILANS.

MILAN ROYAL. — *F. MILVUS.*

Ajoutez aux synonymes :

Atlas du Manuel, pl. lithog. vieux. — Milvus regalis. Vieill. *Faun. franç. p.* 14. *pl.* 7. *fig.* 1. — Roux. *Ornit. provenç. v.* 1. *p.* 44. *tab.* 26 *et* 27. — Brehm. *Vög. Deut. p.* 49. — Nilson. *Skand. Faun. tab.* 40. — Nibbio reale. Savi. *Ornit. Tosc. v.* 1. *p.* 35. — Rother Milan. Naum. *tab.* 31.

Habite. M. Boié observe que le *Milan royal* est très-commun en Danemark, où il arrive au printemps avec les *Bécasses.* Un très-petit nombre d'individus y séjourne l'hiver.

MILAN NOIR ou ÉTOLIEN. — *F. ATER.*

J'ai changé le nom de *Milan parasite* en celui d'*Étolien*, vu que, par erreur, j'ai réuni, pages 60 et 61, le *vrai Parasite* de Levaillant avec le *Milan noir*, bien que ce dernier soit aussi très-abondant au Cap de Bonne-Espérance et en Égypte; mais le *Milan parasite* de

Levaillant (*Oiseaux d'Afrique, planche 22*) est
une espèce distincte, facile à reconnaître du
Milan noir par son bec plus puissant, beaucoup plus élevé, et constamment jaunâtre :
l'adulte a l'abdomen et les cuisses d'un roux
ardent; la queue est plus fourchue, et le plumage est coloré par grandes masses.

Ajoutez aux synonymes du *Milan noir* les
suivans :

Atlas du Manuel, pl. lithog. le vieux mâle. — MILAN
ÉTOLIEN. Vieill. *Faun. franç. p.* 15. *pl.* 7. *fig.* 2. — Roux.
Ornit. provenç. v. 1. *p.* 47. *tab.* 28. — Brehm. *Vög.
Deut. p.* 53. — Meyer. *Taschenb. Deut. v.* 8. *p.* 11. —
Naum. *Vög. Deut. Neue Ausg. v.* 1. *p.* 340. *tab.* 31.
fig. 2. — NIBBIO NERO. Savi. *Ornit. Tosc. v.* 1. *p.* 37.

Très-commun dans le voisinage des rivières.
Il poursuit particulièrement l'*alose*, saisit avec
les serres les poissons morts qui flottent à la
surface des eaux, et plonge aussi sur les poissons vivans. La Corneille (*C. corone*) poursuit
et attaque ce Milan lorsqu'il s'est saisi de sa
proie, qu'il abandonne souvent à son ennemi.

Le *Milan noir* est très-commun au Japon,
où il porte le nom de *Tobi*. Les sujets de cette
partie du globe ne diffèrent en rien de ceux
d'Europe, d'Égypte et du Cap de Bonne-

Espérance, notamment de notre *Milan étolien*, qui s'y trouve aussi, et qui est différent du *Parasite* de Levaillant.

———

Les *Couhyer*, ou *Élanions*, doivent probablement former une division nouvelle, dans laquelle on peut réunir le *Milan* de la Caroline (F. furcatus) de Catesby; le *Milan Riocour* de nos planches coloriées, 85; le *Milan à queue irrégulière* (F. dispar) de nos planches coloriées, 319, et le *Blac* d'Afrique de Levaillant (F. melanopterus).

CINQUIEME DIVISION.

ÉLANIONS.

Bec court, fortement courbé dès son origine; à pointe très-crochue; cire fortement poilue. *Pieds* courts; tarse moitié emplumé; doigts divisés. *Ailes* longues; première et deuxième rémiges à peu près égales; la seconde, la plus longue de toutes. *Queue* plus ou moins fourchue.

Leur nourriture se compose uniquement d'insectes.

ÉLANION BLAC.

FALCO MELANOPTERUS (Lath.).

Sommet de la tête, nuque, dos, scapulaires et croupion d'un beau gris cendré, plus clair à la tête que sur le dos ; front, joues, toutes les parties inférieures et couvertures intérieures des ailes d'un blanc parfait ; un petit cercle noirâtre autour de l'orbite, accompagné d'une tache noire en avant des yeux ; ailes d'un cendré foncé, qui prend une teinte noirâtre vers le bout des rémiges, mais les barbes intérieures de toutes les pennes d'un blanc pur ; queue légèrement échancrée ; les deux pennes du milieu cendrées, les autres blanches, à bout terminal cendré et à barbes intérieures d'un blanc sale ; toutes les petites et une partie des grandes couvertures des ailes d'un noir parfait, mais le poignet et le bord de l'aile d'un blanc pur. Bec et ongles noirs ; iris et pieds oranges. Longueur totale, de douze, treize à quatorze pouces. Le *mâle et la femelle en livrée parfaite.*

Les *jeunes* ont toutes les parties supérieures d'un brun cendré terne, à bordures des plumes plus ou moins roussâtres ; les ailes couleur ardoise, et toutes les pennes et les couvertures terminées de blanc ; les petites couvertures noirâtres et terminées de blanc roussâtre ; les parties inférieures d'un blanc terne ou grisâtre, et chaque plume marquée longitudinalement par de larges mèches brunes ; ces mèches prennent la forme de stries plus ou moins larges, suivant l'âge des individus ; toutes les pennes de la queue d'un cendré foncé, mais leurs barbes intérieures toujours blanchâtres ; les pennes latérales d'un cendré très-foncé vers le bout, dont la pointe terminale est d'un blanc pur.

Falco melanopterus. Daud. *Ornit. p.* 152. — Lath. *Ind. Ornit. supp. p.* 6. *sp.* 16. — Falco Sonninensis. *Id. supp. sp.* 38. — Le Blac. Levaillant. *Ois. d'Afriq. v.* 1. *p.* 147. *pl.* 36. *adulte. pl.* 37. *jeune.* — Black winged and Sonnini's Falcon. Lath. *Syn. supp. v.* 2. *p.* 28 *et* 52. — Schwarzflügliger Falke. Brehm. *Vög. Deut. p.* 78. *sur un sujet adulte tué le* 24 *novembre* 1828, *dans les environs de Darmstadt. pl.* 46. *fig.* 3. *figure exacte.*

Habite. Toute l'Afrique, du midi au nord ; commun en Égypte, à Tripoli. *On le dit* de passage accidentel dans le Levant. *On assure* l'avoir vu en Andalousie. Tué près de Darmstadt. Se trouve aussi dans les îles de Java et de Timor, ainsi qu'à la Nouvelle-Hollande. Ceux d'Afrique et d'Asie ne diffèrent aucunement.

Nourriture. Insectes *.

Propagation. Levaillant dit qu'il pose son nid entre les branches des arbres : pond quatre ou cinq œufs blancs.

SIXIÈME DIVISION.

BUSES.

BUSE COMMUNE. — *F. BUTEO.*

Tout ce que j'ai dit dans le premier volume de cet ouvrage est confirmé par les observations faites depuis cette publication. Il est de fait que cette Buse et la suivante offrent des variétés de plumage aussi nombreuses que celles généralement reconnues dans le *Bécasseau combattant.* La *Buse à poitrine barrée* est absolument la même espèce que la *Buse changeante* et *l'Albine.* On trouve des individus à dix bandes, à douze comme à quatorze bandes transversales à la queue. Il n'est pas d'oi-

---

* C'est probablement en poursuivant les insectes nomades qu'il arrive que cet oiseau s'égare dans nos climats, ainsi qu'on a pu l'observer chez les espèces *Cresserellette* et *Kobez*.

seaux de proie qui soient plus nombreux en
Hollande que ces deux espèces de Buses, celle-
ci et la pattue : ils nous arrivent au passage
en automne, et séjournent une partie de l'hiver dans nos climats. Tous varient, indistinctement des sexes, pour la taille plus ou moins
forte, sans qu'on puisse trouver de différence
analogue constante dans les couleurs du plumage plus ou moins varié, bariolé, tacheté,
coloré par grandes masses, ou d'un blanchâtre marqué de grosses mèches brunes.

M. Savi fait mention d'un *Falco poiana*,
très-commun dans les parties méridionales
(en Italie). A en juger par la description, je ne
vois guère de différence avec les nombreuses
variétés de notre Buse; mais n'ayant pas vu
les dépouilles, je ne puis me permettre aucun
rapprochement direct.

Ajoutez conséquemment aux synonymes
déjà fournis, les suivans :

La BUSE A POITRINE BARRÉE et la BUSE CHANGEANTE.
Vieill. *Faun. franç. p.* 17 *et* 18. *pl.* 8. *fig.* 1 *et* 2. — Roux.
Ornit. provenç. vol. 1. *p.* 33 *et* 36. *tab.* 20, 21 *et* 22. —
NORDISCHER MITTLER und HOCHKÖPFIGER BUSSARD. Brehm.
Vög. Deut. p. 42 *à* 44. — FALCO CAPPONE. Savi. *Ornit.*
Tosc. v. 1. *p.* 29. —*Atlas du Manuel, pl. lithog. un sujet*

unicolore très-vieux. — MAÜSE BUSSARD. Naum. *Naturg.*
Neue Ausg. tab. 32. *fig.* 1. *variété noire. fig.* 2. *variété*
ordinaire. tab. 33. *fig.* 1. *variété brune. et fig.* 2. *variété*
albine. — COMMON BUZZARD. Gould. *Birds of Europ.*
part. 9.

Habite. Cette Buse nous arrive en automne, au temps
du passage des Grives et des petits oiseaux sylvains.
Elle voyage par petites troupes, souvent en compagnie
de la *Buse pattue :* séjourne alors dans les bois, et se
répand, en hiver et vers le printemps, dans les dunes,
le long des bords de la mer.

BUSE PATTUE. — *F. LAGOPUS.*

Varie aussi pour la taille et dans les couleurs
du plumage; mais ces variétés sont moins
nombreuses, et plus constantes que chez
l'espèce précédente. La partie blanche de la
queue porte quelquefois trois bandes placées
au-dessus de la large bande terminale. La tête
et la partie supérieure du cou sont plus ou
moins blanchâtres, et striées longitudinalement de brun.

Ajoutez aux synonymes :

Atlas du Manuel, pl. lithog. un individu adulte. — La
BUSE PATTUE. Vieill. *Faun. franç. p.* 21. *pl.* 9. *fig.* 2. —
Roux. *Ornit. prov. vol.* 1. *p.* 41. *tab.* 25. — M. Brehm
forme de cette espèce un genre sous le nom ARCHI-

B<small>UTEO</small> ; il en fait A<small>RCHI</small>-B<small>UTEO</small> <small>PLANICEPS</small> et <small>ALTICEPS</small>. Brehm. *Vög. Deut. p.* 40 *et* 41. — F<small>ALCO</small> <small>CALZATO</small>. Savi. *Ornit. Tosc.* v. 1. p. 33. — R<small>AUHFÜSSIGER</small> <small>BUSSARD</small>. Naum. *Naturg. Neue Ausg. tab.* 34. *fig.* 1. *vieux mâle. et fig.* 2. *jeune femelle.*

Niche rarement dans les régions tempérées. Il nous vient, en automne, du Nord, souvent en compagnie de la *Buse commune*. Vit absolument comme celle-ci, mais fréquente plus les lieux découverts. On le distingue facilement, même au vol, par la blancheur de la base des pennes caudales. M. Boié dit que cette espèce est commune en hiver sur le littoral du Danemark ; elle s'y nourrit de souris, et devient fort grasse. M. Michahelles dit qu'elle est, en hiver, très-rare au-delà des Alpes.

Remarque. Le Japon nourrit deux espèces de Buses pattues, différentes de la nôtre, et plus constantes par les teintes du plumage : l'une, beaucoup plus petite que notre *Buse commune* ; l'autre, de la taille, ou plus forte que le *Jean-le-Blanc*.

BUSE BONDRÉE. — *F. APIVORUS.*

On trouve assez souvent une variété de cette Buse, à tête, cou et parties inférieures d'un blanc jaunâtre, chaque plume étant marquée, sur la baguette, d'un brun roussâtre.

Les œufs de cette espèce sont d'un blanc grisâtre, avec des taches jaunâtres.

Ajoutez aux synonymes :

Atlas du Manuel, pl. lithog. jeune. — Buse bondrée. Vieill. *Faun. franç. p.* 20. *pl.* 9. *fig.* 1. — Roux. *Ornit. provenç. v.* 1. *p.* 39. *tab.* 23 *et* 24. — Ce sont Pernis apium et vesparum *. Brehm. *Vög. Deut. p.* 46. — Falco pecchiajolo. Savi. *Ornit. Tosc. v.* 1. *p.* 31. — Wespen-bussard. Naum. *Naturg. Neue Ausg. tab.* 35. *vieux mâle et femelle. tab.* 36. *les jeunes.*

Habite. Vit habituellement dans les localités où se trouvent des prés, dans le voisinage des bois.

SEPTIÈME DIVISION.

BUSARDS.

BUSARD HARPAYE ou DE MARAIS. — *F. RUFUS.*

Le *mâle, à l'état intermédiaire,* porte six à sept bandes plus ou moins distinctes sur les

---

* Toujours sous les noms favoris, ou plutôt exclusifs, de l'auteur, de *Plattköpfiger* und *Hochkpöfiger.*

pennes caudales, d'abord rousses, ensuite cendrées : ces bandes s'effacent totalement chez les vieux.

Je persiste à réunir, comme une seule et même espèce, le *Busard de marais* et la *Harpaye* : ils ne diffèrent pas, quoi qu'on en dise. Notre Musée possède des sujets dans tous les âges, qui servent de preuve de cette identité. Les individus qu'on désigne comme *Harpaye* sont les *mâles à l'âge de trois ans*. La *vieille femelle* diffère beaucoup du *vieux mâle*. J'ai vu des *mâles* à plumage brun, unicolore autour des yeux, et gorge d'un beau noir.

J'ai obtenu, quoique rarement, une variété à peu près d'un roux ardent sur tout le corps; la queue roussâtre rayée; la tête blanchâtre, avec des stries roussâtres. La queue est d'un cendré uniforme *chez le mâle* dans *l'extrême vieillesse*.

Ajoutez aux synonymes :

FALCO RUFUS. Meyer. *Taschenb. Deut. vol.* 3. *p.* 11. —Naum. *Vög. Deut. v.* 1. *p.* 378. *tab.* 37. *vieille femelle. tab.* 38. *jeune mâle. fig.* 2. *jeune femelle.* — Le BUSARD DE MARAIS et la HARPAYE. Vieill. *Faun. franç. p.* 24 *et* 25. *pl.* 10. *fig.* 1 *et* 2. — Roux. *Ornit. provenç. v.* 1. *p.* 24 *et* 26. *tab.* 13. *d'un ou deux ans. tab.* 14. *adulte. et tab.* 15. *d'un an, mais pas un jeune de l'année.* — DIE ROHRWEIHE.

und ROSTWEIHE. Brehm. *Vög. Deut. p.* 91. — FALCO
DI PADULE. Savi. *Ornit. Tosc. v.* 1. *p.* 60. — *Atlas du
Manuel, pl. lithog. jeune femelle.*

Vit, en hiver et au printemps, dans les
dunes et les lieux arides, où il se nourrit de
lapins tués par les *Hermines*, et au printemps
d'œufs des échâssiers, des palmipèdes et des
gallinacés. Retourne dans les marais lorsque
les couvées commencent : c'est alors le fléau
des *Foulques* et des jeunes oiseaux aquatiques.
Absolument le même en Égypte, à Tripoli et
en Morée. (*Voyez* Savigni, *Ouvrage d'Égypte*,
et *Catalogue des Oiseaux de la Morée.*)

BUSARD SAINT-MARTIN — *F. CYANEUS.*

Ajoutez aux synonymes :

Atlas du Manuel, pl. lithog. le vieux mâle. — BUSARD
SOUBUSE. Vieill. *Faun. franç. p.* 26. *pl.* 11. — Roux.
Ornit. provenç. v. 1. *tab.* 16 *et* 17. — DIE KORNWEIHE und
GRAUE WEIBE. Brehm. *Vög. Deut. p.* 93 *et* 94. — Naum.
Naturg. Neue Ausg. tab. 39. — ALBANELLA REALE. Savi.
Ornit. Tosc. v. 1. *p.* 63.

Le *Busard Saint-Martin* habite plus fréquemment, même dans quelques contrées exclusivement, les terres ensemencées et riches en

blés. Il niche au milieu des champs ; très-
rarement dans les joncs et les marais, comme
il est dit au premier volume, page 75. Il est
plus rare en Hollande que l'espèce suivante.
Se trouve aussi en Morée.

BUSARD MONTAGU. — *F. CINERACEUS.*

Ajoutez aux synonymes :

Atlas du Manuel, pl. lithog. le vieux mâle. — FALCO
CINERACEUS MONTAGU. Meyer. *Taschenb. Deut. vol.* 3.
p. 13. — BUSARD MONTAGU. Vieill. *Faun. franç. p.* 27.
pl. 12. — Roux. *Ornit. provenç. v.* 1. *p.* 30. *tab.* 18.
mâle. tab. 19. *jeune.* — ALBANELLA PICCOLA. Savi. *Ornit.*
Tosc. v. 1. *p.* 65. — THE ASHCOLOURED FALCON. Bewick.
Birds of Europ. v. 1. *p.* 37. — WIESEN und ASCHGRAUE-
WEIHE. Brehm. *Vög. Deut.* —Naum. *Naturg. Neue Ausg.*
tab. 40. *les vieux mâle et femelle. et fig.* 3. *très-jeune*
femelle.

Plus abondant dans les pays marécageux
qu'on ne le présume, vu sa grande ressemblance au vol avec l'espèce précédente, qui
fréquente rarement les marais. Très-commun
en Hollande dans les marais, et au printemps
dans les dunes au bord de la mer. ●

GENRE CINQUIÈME.

CHOUETTE. — *STRIX.*

Caractères. Voyez *Manuel*, vol. 1, page 78.

La manie de faire des genres et des coupes nombreuses s'est particulièrement signalée dans le genre Strix. Nos *quinze espèces d'Europe* y sont réparties en douze coupes, sous les noms suivans :

Surnina. — Noctua. — Strix. — Glaucidium. — Athene. — Nyctale. — Syrnium. — Bubo. — Otus. — Oti sylvatici. — Oti terrestres. — Scops.

Combien de genres ne faudrait-il pas encore ajouter pour classer aussi rigoureusement toutes les espèces exotiques ?

La forme des œufs de tous les Strix est arrondie, et leur couleur toujours d'un blanc pur.

PREMIÈRE DIVISION.

CHOUETTES PROPREMENT DITES.

PREMIÈRE SECTION.

CHOUETTES ACCIPITRINES.

CHOUETTE LAPONE — *S. LAPPONICA.*

Quelques naturalistes ont émis des doutes sur l'existence de cette espèce en Europe. Indépendamment du témoignage de Paykull, et d'un sujet capturé en Laponie par un baleinier, j'en ai reçu deux autres tués au Groenland.

Ajoutez aux synonymes :

Lapp-uggla. Nilson. *Skandin. Faun. tab.* 71. — Lappländische eule. Meyer. *Ornit. Taschenb. vol.* 3. p. 20. — *Atlas du Manuel, pl. sur un sujet jeune de l'année, du Musée de Paris.* J'ignore toutefois si c'est sur le sujet qui y fut déposé par M. Paykull.

Il me paraît que cette espèce doit habiter dans les parties septentrionales de la Russie asiatique : elle est très-rare, même au Groenland. On la trouve marquée dans le Catalogue des Oiseaux de l'Amérique boréale, par M. Richardson, sous le nom de Strix cinerea,

page 77, *planche* 31 dudit ouvrage. Cette
planche est du moins le portrait exact et fidèle
de l'individu que j'ai décrit dans ce Manuel,
page 81. On pourrait ajouter *Strix cinerea* de
Latham ; car ma description et trois sujets
conviennent à cette indication. La planche de
M. Nilson, sous le nom de *Lapp-Uggla*,
ressemble très-exactement à l'un de nos sujets.
Les détails d'une portion de la queue vue en
dessus, gravés sur cette planche, sont les
mêmes que sur tous les sujets que j'ai vus.
La planche indiquée et les détails n'offrent
aucune analogie avec les formes et les couleurs
du *Strix funera*, espèce à laquelle je joins ici
une courte diagnose pour qu'on ne la confonde
plus avec notre *Lapponica* ou *Cinerea*.

CHOUETTE HARFANG. — *S. NYCTEA.*

Ajoutez aux synonymes :

Nordicher schneekautz. Brehm. *Vög. Deut.* p. 103.—
Faber. *Prod. Island. Ornit.* p. 4. — Snowy owl. Sabine.
Arctic expedit. p. 15. — *Atlas du Manuel, pl. individu
dans l'extrême vieillesse.*—Schneeeule. Brehm.—Naum.
Naturg. Neue Ausg. tab. 41. *jeune femelle.*

Remarque. Il convient de supprimer totalement la
remarque faite dans le premier volume, page 83, où
j'ai émis l'opinion des naturalistes sur le *Strix scandiaea.*

M. le professeur Lichtenstein m'ayant appris que l'espèce existe dans le Musée de Berlin, et comme je n'ai pas été à même de voir un sujet tué en Europe, ni d'obtenir des renseignemens certains sur l'existence ou l'apparition accidentelle de cette espèce dans le Nord, j'ai dû en omettre la description dans ce recueil.

Je présume que le *Strix scandiaca* est la même espèce qu'on trouve figurée dans l'ouvrage de M. Richardson, *Fauna boreali Americana. p.* 86. *pl.* 3o. sous le nom de Bubo arcticus.

J'ai dit aussi que le Harfang est *commun en Islande;* mettez, qu'il y est extraordinairement rare. Sa demeure habituelle est l'Amérique septentrionale, d'où il nous arrive plus ou moins périodiquement. On dit qu'il niche au Groenland.

CHOUETTE DE L'OURAL. — *S. URALENSIS.*

Ajoutez aux synonymes :

Habichtseule. Naum. *Naturg. tab.* 42. *fig.* 1. *jeune femelle.* — *Atlas du Manuel, pl. adulte.* — *Planches coloriées. pl.* 27. *figure assez exacte de l'adulte :* mais la forme conique de la queue ne paraît pas assez dans cette figure. — Strix macrocephala. Meisner. *Vögel der Schweiz. p.* 34. *sp.* 32. Cet auteur dit que l'espèce habite, quoique en petit nombre, les cantons de Berne et de Soleure.—Uralischer und Grosköpfiger baumkautz Brehm. *Vög. Deut. p.* 115. M. Michahelles me marque que cette Chouette a été tuée plusieurs fois dans les environs de Salzbourg. *Voyez* aussi Strix macrocephala.

Museum. Naturg. Helvet. heft. 8. et supprimez la remarque faite dans le *Manuel. v.* 1. *p.* 98.

Elle se trouve aussi au Japon.

CHOUETTE CAPARACOCH. — *S. FUNEREA.*

Ajoutez aux synonymes :

Plattköpfige und Hochköpfige habichtseule. Brehm.
Vög. Deut. p. 101 *et* 122. — *Atlas du Manuel, pl. lithog.*
— Sperbereule. Naum. *Naturg. Neue Ausg. tab.* 42.
fig. 2.

DEUXIÈME SECTION.

CHOUETTES NOCTURNES.

CHOUETTE NÉBULEUSE. — *S. NEBULOSA.*

*Doigts à moitié emplumés, l'autre moitié cou-
verte d'écailles. Depuis la gorge jusque au-delà
du milieu du ventre, rayé transversalement ;
le reste rayé longitudinalement.*

Ajoutez aux synonymes :

Gestreifter kautz. Meyer. *Taschenb. Deut. v.* 3. *p.* 21.
— *Atlas du Manuel, pl. lithog. vieux mâle.*

De passage accidentel dans le Nord.

CHOUETTE HULOTTE. — *S. ALUCO.*

Ajoutez aux synonymes :

Atlas du Manuel, pl. lithog. — Naum. *Naturg. Neue Ausg. tab.* 46. *vieux mâle. et tab.* 47. *fig.* 1. *jeune femelle.* — Chouette hulotte et Chat-Huant. Vieill. *Faun. franç.* p. 43 *et* 44. *pl.* 21. *fig.* 1 *et* 2. — La Hulotte. Roux. *Ornit. provenç. v.* 1. *p.* 76. *tab.* 50, 51 *et* 52. — Nacht brand und Baumkautz. Brehm. *Vög. Deut. p.* 116. — Tawny or wood owl. Gould. *Birds of Europ. part.* 5. — Gufo salvatico. Savi. *Ornit. Tosc. v.* 1. *p.* 80.

Elle vit et niche dans le Nord; émigre en automne vers le Midi.

CHOUETTE EFFRAIE. — *S. FLAMMEA.*

Ajoutez :

Atlas du Manuel, pl. lithog. — Naum. *Naturg. Neue Ausg. tab.* 47. *fig.* 2. — L'Effraie. Vieill. *Faun. franç.* p. 46. *pl.* 22. *fig.* 1. — Roux. *Ornit. provenç. v.* 1. *p.* 82. *tab.* 54 *et* 55. — Deutscher und Perlschleierkautz. Brehm. *Vög. Deut. p.* 106. — Barn owl. Gould. *Birds of Europ. part.* 7. *figure magnifique.* — Barbagianni. Savi. *Ornit. Tosc. v.* 1. *p.* 82.

L'espèce est exactement la même au Japon et dans toute l'Afrique, du nord au midi.

Les individus de l'Amérique septentrionale diffèrent seulement par quelques légères teintes
plus sombres; mais ceux de l'Amérique du
sud sont différens. (*Voyez* Chouette a queue
fourchue *de nos planches coloriées*, 432.)

La Chouette effraie ne se trouve pas en
Norwège ni en Suède.

CHOUETTE CHEVÈCHE. — *S. PASSERINA.*

Cette espèce se trouve aussi notée dans le
Catalogue des Oiseaux de la Morée.

Ajoutez :

Atlas du Manuel, pl. lithog. — La Chevèche. Vieill.
Faun. franç. p. 47. *fig.* 2. — Roux. *Ornit. provenç. v.* 1.
p. 78. *tab.* 53. — Sperlings und nordischer steinkautz.
Brehm. *Vög. Deut. p.* 110.—Meisner. *Vög. der Schweitz.*
p. 36. *sp.* 34. — Sparrow owl. Gould. *Birds of Europ.*
part. 7. mais donné très-erronément pour une *Chevè-
chette* qui est beaucoup plus petite, et dont les doigts
sont emplumés jusqu'aux ongles.

CHOUETTE TENGMALM. — *S. TENGMALMI.*

Ajoutez :

Atlas du Manuel, pl. lithog. — Naum. *Naturg. Neue
Ausg. tab.* 48. *fig.* 2. *vieux mâle. et fig.* 3. *très-jeune mâle.*

Partie IIIe. 4

—Chouette tengmalm. Vieill. *Galer. des Ois. pl.* 23. —
Id. *Faun. franç. p.* 48. *pl.* 23. *fig.* 1. — Roux. *Ornit. provenç. v.* 1. *p.* 80. *tab.* 53 *bis.* — Rauchfüssiger kautz.
Meisner. *Vögel der Schweitz. p.* 37. *sp.* 35. — Civetta
capogrosso. Savi. *Ornit. Tosc. v.* 1. *p.* 79.

Habite. Se trouve aussi accidentellement en Angleterre. (Selby. *Brit. birds. v.* 1. *p.* 105.)

CHOUETTE CHEVÈCHETTE. — *S. ACADICA.*

Remarque. Ce n'est pas le Strix acadica de *Linné*,
mais celui de *Gmel.*

MM. Boié et Nilson font la remarque, très-
juste, que cette Chouette du Nord est exactement celle que Linné indique dans sa *Fauna
suecica*, sous le nom de *Passerina.* Dans cet
ouvrage se trouve cité, 1° notre *Passerina*
sous le nom de *S. psilodactyla,* et 2° notre
Tengmalmi sous le nom de *S. funerea.* Mais
il est préférable de ne pas changer des noms
adoptés maintenant dans tous les catalogues
méthodiques et dans toutes les collections.
Notre *Acadica* porte, chez Nilson, le nom de
Sparfs uggla. (*Skandinav. Fauna. tab.* 3. —
Atlas du Manuel, pl. lithog. figure exacte.)

Notre très-petite Chouette, dit M. Michahelles,

habite en grand nombre les Alpes de la Carinthie : elle se montre aussi sur les Alpes de
l'Allemagne méridionale et dans tout le nord
de l'Europe. (Zwergkautz. Brehm. *Vög*.
p. 108. — Naum. *Naturg. Neue Ausg. tab.* 43.
fig. 1 *et* 2.)

DEUXIÈME DIVISION.

HIBOUS.

HIBOU BRACHIOTE. — *S. BRACHYOTOS.*

Ajoutez :

Atlas du Manuel, pl. lithog. — Naum. *Naturg. Neue
Ausg. tab.* 45. *fig.* 1. — Le Brachiote. Vieill. *Faun.
franç. p.* 43. *pl.* 20. *fig.* 3. — Roux. *Ornit. prov. p.* 75.
tab. 49. — Sumpf und acker-ohreule. Brehm. *Vög.
Deut. p.* 121. — Eagle owl. Gould. *Birds of Europ.
part.* 6. *figure superbe.* — Allocco di padule. Savi.
Ornit. Tosc. v. 1. *p.* 72.

M. Boié remarque que cette espèce suit les
migrations du *Lemming*. Lorsque ce rongeur
arrive et s'établit dans les contrées du Nord,
on est certain d'y trouver le *Brachiote* en
grand nombre. Il est de passage régulier en
Hollande, où il habite en automne les dunes
le long des bords de la mer.

HIBOU ASCALAPHE.

STRIX ASCALAPHUS (Savig.)

Aigrettes très-courtes, placées à distance en arrière des yeux ; bec grêle, caché ; tarses longs ; seulement deux écailles non duvetées à tous les doigts.

Le corps, les ailes et la queue sont d'un roux blanchâtre varié en différentes nuances : des taches et des raies d'un brun-noir couvrent tout le corps ; elles sont de forme lancéolée sur la tête et sur la nuque, réparties par grandes masses sur les ailes, et en bandes larges ou en zigzags étroits sur les rémiges et les pennes de la queue, puis en mèches alongées sur les plumes de la poitrine ; elles forment enfin des zigzags transversaux très-fins sur les autres parties inférieures. Le dessous de la queue est blanc, et elle est barrée transversalement de cinq ou six raies très-étroites, d'un brun noirâtre. La gorge et le milieu de la poitrine sont blancs ; les tarses très-longs, emplumés ainsi que les doigts, ont un duvet blanchâtre ; le bec est noir et l'iris jaune. Longueur, dix-sept pouces six lignes.

Hibou ascalaphe ou à huppes courtes. Savig. *Grand ouvrage de la commission d'Égypte, pl. enlum.* — Penn. *Brit. Zool.* — Hibou a huppes courtes. Temm. et Laug. *Recueil de planches coloriées d'Oiseaux, tab.* 57. *sur un sujet tué en Égypte.*

Habite. L'Égypte; visite accidentellement les parties méridionales de la Sicile et de la Sardaigne, où quelques individus ont été tués. Se trouverait aussi, selon Pennant, en Écosse; ce dont toutefois je me crois fondé à douter, car son apparition dans le Nord ne me paraît guère probable.

Nourriture et *propagation.* Inconnues.

Remarque. S'il est bien reconnu que le *Strix scandiaca,* que je suppose identique avec le *Strix* ou *Bubo arcticus* de Richardson, se trouve en Europe, il faudrait classer ce grand Hibou après celui que nous venons d'indiquer.

HIBOU GRAND–DUC. — *S. BUBO.*

Ajoutez :

Atlas du Manuel, pl. lithog. — Le Grand-Duc. Vieill. *Faun. franç. p.* 40. *pl.* 19. *fig.* 1.—Roux. *Ornit. provenç. v.* 1. *p.* 69. *tab.* 46. — *Catalogue des Oiseaux de Morée.* — Berg ufven. Nilson. *Skandin. Fauna. pl.* 21. — Deutscher und nordischer eule. Brehm. *Vög. p.* 119.— Great horned or eagle owl. Gould. *Birds of Europ.* part. 6. — Gufo reale. Savi. *Ornit. Tosc. v.* 1. *p.* 68. — Naum. *Naturg. Neue Ausg. tab.* 44.

Il est commun en Italie : on le trouve même dans Rome.

HIBOU MOYEN DUC. — *S. OTUS*.

Ajoutez :

Atlas du Manuel, pl. lithog. — Naum. *Naturg. tab.* 45. *fig.* 1. — La CHOUETTE DUC. Vieill. *Faun. franç. p.* 42. *pl.* 19. *fig.* 2. — Roux. *Ornit. provenç. v.* 1. *p.* 71. *tab.* 47. — WALD , BAUM und SCHLANKE OHREULE. Brehm. *Vögel.* *p.* 121 *et* 123. — ALLOCCO. Savi. *Ornit. Tosc. v.* 1. *p.* 70. — LARGE EARED OWL. Gould. *Birds of Europ. part.* 8.

HIBOU SCOPS. — *S. SCOPS*.

Ajoutez :

Atlas du Manuel, pl. lithog. — CHOUETTE SCOPS. Vieill. *Faun. franç. p.* 42. *pl.* 20. *fig.* 1, — Roux. *Ornit. prov. vol.* 1. *p.* 73. *tab.* 48. — ZWERGOHREULE. Brehm. *Vög. p.* 126. — ASSIOLO. Savi. *Ornit. Tosc. vol.* 1. *p.* 73. — ZWERGOHREULE. Naum. *Naturg. Neue Ausg. tab.* 43. *fig.* 3. — SCOPS-EARED OWL. Gould. *Birds of Europ. part.* 9.

Habite. C'est à tort qu'on a avancé l'existence du *Scops* en Suède ; il ne se trouve pas dans le nord de l'Europe.

ORDRE DEUXIÈME.

OMNIVORES. — *OMNIVORES*.

Caractères. Voyez *Manuel*, vol. 1, page 105.

GENRE SIXIÈME.

CORBEAU. — *CORVUS*.

Caractères. Voyez *Manuel*, page 106. Mieux dans les planches coloriées, en ces termes :

Bec très-fort, gros et bombé à la base, un peu dilaté latéralement, courbé vers la pointe, à bords tranchans. *Narines* basales, rondes, ouvertes, cachées le plus souvent par des poils raides dirigés en avant; ou bien à découvert, et les poils contournés vers la surface du bec. *Pieds* très-forts, trois doigts devant et un derrière, à peu près divisés; tarse plus long que le doigt du milieu. *Ongles* forts et courbés. *Ailes* longues, acuminées, aboutissant à peu près vers l'extrémité de la queue, ou

dépassant celle-ci ; la première rémige de
moyenne longueur ; les deuxième et troisième
plus courtes que la quatrième, qui est la plus
longue.

CORBEAU PROPREMENT DIT.

CORBEAU NOIR. — *C. CORAX.*

Ajoutez :

Atlas du Manuel, pl. lithog. — Vieill. *Faun. franç.*
p. 112. — Roux. *Ornit.,prov. v.* 1. *p.* 205. *tab.* 129. —
M. Brehm n'en forme pas moins de quatre subespèces,
sous les noms de WALD, KÜSTEN, WANDER und BERG-RABE.
Vög. Deut. p. 163 à 165. — Faber. *Pröd. Island. p.* 4.
sp. 1. —CORVO IMPERIALE. Savi. *Ornit. Tosc. v.* 1. *p.* 112.
— RAVEN. Gould. *Birds of Europ. part.* 8. — Naum.
tab. 53. *fig.* 1.

Ajoutez à *habite :*

Très-commun en Islande ; rare le long du littoral de
l'Adriatique. Assez nombreux au Japon , où il porte le
nom de *Hacibutokoras.*

CORBEAU LEUCOPHÉE.

CORVUS LEUCOPHÆUS (VIEILL.)

Toute la tête, y compris les plumes des narines, la gorge, le bas-ventre, l'abdomen, les
couvertures inférieures de la queue, et la plus

grande partie des ailes, sont d'un blanc terne ;
les longues plumes du jabot noires à reflets
d'acier poli ; l'occiput, le reste des parties du
cou, toutes les parties supérieures du corps,
les scapulaires, la poitrine, les cuisses et la
queue sont noirs, et toutes les plumes ont un
duvet gris ; l'iris, le bec et les pieds sont
noirs. Longueur, deux pieds deux pouces.
Bec, trois pouces trois lignes.

Paraît varier plus ou moins par quelques
plumes noires aux couvertures des ailes, et
deux ou trois pennes secondaires de cette couleur. (*Voyez* Vieill.) Un sujet varié ainsi, fait
partie du Musée de Paris.

Ascanius dit qu'il en a vu de tout blancs.

Corvus borealis albus. Briss. *v.* 6. *app. p.* 33. *t.* 2.
fig. 1. — Corvus leucophæus. Vieill. *Galerie des Oiseaux,*
v. 1. *pl.* 100. — Corbeau blanc de Féroé. Ascanius.
Histoire naturelle du Nord, p. 6. *tab.* 8.

Remarque. C'est avec quelque doute que j'introduis
cette espèce dans le Catalogue des Oiseaux d'Europe.
Les sujets que j'ai vus ont un bec plus puissant et la
taille généralement plus forte que notre Corbeau : comparés aux variétés albines de notre Corbeau, ils s'en
font encore reconnaître facilement au moyen des caractères indiqués. Ce qui m'a décidé à le considérer
provisoirement comme espèce, c'est que l'Islande abonde

en Corbeaux (*C. corax*), et que M. Fabre dit que les sujets variés des îles Féroé ne s'y trouvent pas. Si c'était une simple variété du *C. corax* propre aux régions du nord, l'Islande, la Norwège, les Orcades et le nord de l'Asie, peuplés de Corbeaux noirs, nous fourniraient des exemples d'une telle variété.

Tous les individus cités et ceux que j'ai vus sont originaires de l'île Féroé.

CORNEILLE NOIRE. — *C. CORONE.*

Ajoutez :

CORBEAU CORBINE. Vieill. *Faun. franç.* p. 11. — Roux. *Ornit. prov. v.* 1. *p.* 208. *tab.* 130. — GARTEN, WALD und WINTER-KRÄHE. Brehm. *Vög. Deut. p.* 166.—CORNACCHIA NERA. Savi. *Ornit. Tosc. v.* 1. *p.* 114.—*Atlas du Manuel, pl. lithog.* — Naum. *tab.* 53. *fig.* 2.

Commune dans toute la Morée et dans les Cyclades. Cette espèce et la suivante s'allient quelquefois. Il en résulte, dit M. Roux, des métis qui tiennent de l'une et de l'autre espèce : ces exemples ont lieu dans les contrées où l'une des deux espèces est rare. J'en ai vu plusieurs preuves en Italie, dans la Carinthie et la Carniole, où la *Corbine* est très-rare et la *Corneille mantelée* très-abondante. (*Voyez* un tel métis, **Naum.** *Naturg. Neue Ausg. tab.* 54. *fig.* 2.)

Cette espèce n'existe pas en Suède ni en Norwège : elle est même rare en Danemark, mais très-commune au Japon.

CORNEILLE MANTELÉE. — *C. CORNIX.*

Ajoutez :

Vieill. *Faun. franç. p.* 115. *fig.* 2. — Roux. *Ornit. provenç. v.* 1. *p.* 209. *tab.* 131.— PLATTKÖPFIGE, MITTLE und HOCHKÖPFIGE NEBELKRÄHE. Brehm. *Vög. Deut. p.* 168. — CORNACCHIA BIGIA. Savi. *Ornit. Tosc. v.* 1. *p.* 115. — *Atlas du Manuel,* pl. *lithog.* — Naum. *tab.* 54. *fig.* 1.

Habite. Cette espèce niche en grand nombre en Suède : en Norwège on n'en voit que l'été dans quelques cantons. Les champs de la Carinthie et de la Croatie en fourmillent. Les deux espèces sont communes en Hollande ; mais la dernière seulement en automne et en hiver. Elles ne voyagent ni ne se mêlent ensemble. Très-commune au Japon.

CORBEAU FREUX. — *C. FRUGILEGUS.*

Ajoutez :

Vieill. *Faun. franç. p.* 116. *pl.* 54. *fig.* 1 et 2. *tête du jeune.* — Roux. *Ornit. provenç. v.* 1. *p.* 24. *tab.* 132. —HOCHKÖPFIGE, PLATTKÖPFIGE und FREMDE SAATKRÄHE. Brehm. *Vög. Deut. p.* 170.— CORVO NERO. Savi. *Ornit.*

Tosc. v. 1. *p.* 117. — *Atlas du Manuel, pl. lithog.* — Naum. *Naturg. Neue Ausg. tab.* 55. *l'adulte et le jeune.*

Remarque. La *Corneille du Cap*, des planches des *Oiseaux d'Afrique, vol.* 2, *tab.* 52, de Levaillant, forme une espèce également différente de la *Corbine* et du *Freux.* C'est mon espèce sixième de l'Index, du genre Corbeau, des planches coloriées, sous le nom de *Corvus segetum.* Notre Freux est très-commun au Japon, et exactement le même. On voit aussi parmi les sujets de cette partie du monde, si éloignée de la nôtre, des individus dont la base du bec est nue, absolument comme dans ceux de nos climats. Son nom japonais est *Sotokaras.*

CORBEAU CHOUCAS. — *C. MONEDULA.*

Première rémige plus courte que la neuvième; les·deuxième et cinquième égales; la quatrième plus courte que la troisième.

Ajoutez aux synonymes :

Atlas du Manuel, pl. lithog. — Vieill. *Faun. franç.* p. 117. *pl.* 54. *fig.* 3. — Roux. *Ornit. provenç. v.* 1. p. 212. *tab.* 133. — TURM BAUM, und NORDISCHE DOHLE. Brehm. *Vög. Deut. p.* 172. — KAJA. Nilson. *Skandinav. Faun. fig.* 72.—FACCOLA. Savi. *Ornit. Tosc. v.* 1. *p.* 121. — Naum. *tab.* 56. *fig.* 1.

Ajoutez à *habite :*

Vit aussi en Morée, où il est excessivement commun, particulièrement en plusieurs endroits montueux.

CORBEAU CHOUC.

CORVUS SPERMOLOGUS. (Frisch.)

Première rémige plus longue que la neuvième ; la deuxième un peu plus courte que la cinquième ; les troisième et quatrième égales.

Totalement d'un beau noir, à reflets chatoyans vert, pourpre et violet sur les parties supérieures et sur la poitrine. On voit sur chaque côté de la tête un croissant d'un noir très-foncé, dont la partie concave est tournée vers les yeux, qui sont entourés de petits points blancs; iris bleuâtre; bec assez court, noir, ainsi que les pieds. Longueur, douze pouces six lignes. *Le mâle.*

La *femelle* a moins d'éclat dans le plumage; les croissans et les points blancs sont moins apparens que dans le *mâle.*

Corvus spermologus. Frisch. *Vög. Deut. tab.* 68. — Monedula nigra. Briss. *Ornit. vol.* 2. *p.* 28. — Borowsk. *Nat. v.* 2. *p.* 107. 6. c. — Le Choucas noir ou Chouc.

Buff. *Ois. v.* 3. *p.* 69. — Id. *pl. enlum.* 522. — Vieill.
Faun. franç. et *Dict. d'hist. natur.* — BLACK JACKDAW.
Lath. *Syn. v.* 1. *p.* 379. qui le considère comme variété
du *Choucas.*

Habite plusieurs parties de la France, où il vit dans
les tours et les masures : on le dit sédentaire. Plusieurs
individus ont été tués en France, et *on assure* qu'il
est aussi commun en Espagne.

Nourriture. Comme l'espèce précédente.

Propagation. Inconnue.

Remarque. Il faudrait classer ici le CORBEAU DAOURIEN,
ou *Corvus dauricus* de Pallas (Vögel, vol. 3, page 694),
s'il est bien prouvé que cette espèce visite accidentellement les contrées orientales de l'Europe, dont je n'ai pu
obtenir jusqu'ici aucune preuve concluante. On observera de ne plus admettre dans les synonymes de cette
espèce asiatique ni la planche enluminée de Buffon, 327,
sous le nom de *Corneille du Sénégal,* ni la *Corneille à
scapulaire blanc* de Vieill., Oiseaux d'Afrique, que les
compilateurs placent avec le *Corvus dauricus* de Pallas.
Ces deux citations de planches doivent faire partie des
synonymes du *Corvus scapulatus* de l'Ornithologie de
Daudin. *Voyez* aussi mon Index des Corbeaux dans le
Recueil des planches coloriées.

GENRE SEPTIÈME.

GARRULE. — *GARRULUS.* (Briss.)

Voyez *Manuel*, page 113.

PREMIÈRE DIVISION.

PIES PROPREMENT DITES.

PIE. — *G. PICUS.*

Ajoutez :   •

Atlas du Manuel, pl. lithog. — Naum. *tab. 56. fig. 2.*
— Pie a ventre blanc. *Pica albiventris.* Vieill. *Faun.
franç. p.* 119. *pl.* 55. *fig.* 1. — Roux. *Ornit. provenç.
v.* 1. *p.* 214. *tab.* 134. — Deutsche nordische und win-
ter-Elster. Brehm. *Vög. p.* 177. — Notskrika. Nilson.
Skandinav. Faun. fig. 30. — The Magpie (*Pica caudata*).
Gould. *Birds of Europ. part.* 1. — Gazzera. Savi. *Ornit.
Tosc. v.* 1. *p.* 124.

L'espèce est absolument la même, et très-
commune au Japon.

M. Boié dit qu'elle niche dans les édifices, et
est très-commune en Norwège, dans les plaines
comme sur les montagnes : elle vit jusqu'en
Laponie. Dans le Voyage en Morée, il est

marqué qu'elle y est très-répandue, et s'y
montre partout avec les mêmes habitudes que
chez nous. Au Japon, elle est exactement la
même qu'en Europe. On la désigne sous le
nom de *Kasasai*.

PIE TURDOIDE.

GARRULUS CYANUS. (Pall.)

Tout le dessus de la tête, la région des yeux,
le lorum et la nuque, d'un beau noir à reflets
d'acier poli; manteau, dos et scapulaires d'un
cendré légèrement nuancé d'une teinte lie de
vin; gorge et devant du cou d'un blanc pur;
poitrine, flancs et abdomen d'un gris cendré
clair; milieu du ventre blanchâtre; ailes et
queue d'un bleu azur très-brillant; les rémiges
noires, l'externe totalement; mais les autres
bordées d'azur à la base, et de blanc jusqu'à
la pointe; les pennes azurées et très-étagées de
la queue, terminées de blanc; bec et pieds
noirs. Longueur, douze à quatorze pouces.
Le mâle et *la femelle*.

Garrulus cyanus. Pall. *Voy. v.* 3. *p.* 694. — Corvus
cyanus. Gmel. *Syst.* 1. *p.* 373. — Lath. *Ind. Ornit. v.* 1.
p. 159. *sp.* 21. — Pica cyanea. Wagler. — Blue crow.

Lath. *Syn. v.* 1. *p.* 394. — Azur winged Magpie. Gould. *Birds of Europ. part.* 3. *figure parfaite* *.

Habite en Espagne, aux environs de Madrid, en Daourie, dans la Crimée, et se trouve aussi au Japon. M. Riocour me dit que l'espèce est commune en Espagne. En Estramadure, elle fréquente les jardins boisés. Elle est rare dans les provinces méridionales du Japon; mais plus commune dans le nord de cet empire. Son nom japonais est *Onagatori.*

Nourriture. Comme notre Pie d'Europe, mais plus spécialement d'insectes.

Propagation. Niche sur les arbres à la manière des Pies, avec des buchettes très-menues. *Ponte* inconnue.

DEUXIÈME DIVISION.

GEAIS.

GEAI GLANDIVORE. — G. GLANDARIUS.

Ajoutez :

Atlas du Manuel, pl. lithog. l'adulte. — Naum. *Naturg. Neue Ausg. tab.* 58. *fig.* 1. — Vieill. *Faun. franç. p.* 121. *pl.* 55. *fig.* 2. — Roux. *Ornit. provenç. v.* 1. *p.* 217. *tab.* 135. — Deutscher und nordischer eichelreher. Brehm. *Vög. Deut. p.* 180. — Ghiandaja. Savi. *Ornit. Tosc. vol.* 1. *p.* 122. — The Jay. Gould. *Birds of Europ.* part. 9.

---

* La Pie a tête noire de Levaillant (*Oiseaux d'Afrique,* *pl.* 58), est une espèce différente, qu'on trouve en Chine.

Remarque. Le Geai du Japon diffère constamment de celui d'Europe par les teintes du plumage un peu plus foncées et les taches noires de la huppe plus grandes, mais aucunement par la distribution des couleurs principales, ou par les formes, qui sont les mêmes. On ne saurait se permettre de l'ériger en espèce ; c'est simplement une variété locale constante. Cette variété est probablement répandue dans toute l'Asie ; elle porte au Japon le nom de *Kasitori* ou *Kasidori* ; elle habite les bois en montagne, et a les mêmes mœurs que chez nous. Les sujets des côtes de Barbarie ne diffèrent pas des nôtres. Commun en Morée. On le mange dans plusieurs parties de la Grèce.

GEAI IMITATEUR. — *G. INFAUSTUS.*

Ajoutez :

Atlas du Manuel , pl. lithog. — Lanius infaustus. Nilson. *Ornit. suec. v.* 1. *p.* 87. — Corvus mimus. Pall. *Faun. Russica.* — Meyer. *Ornit. Taschenb. p.* 23. — Lafskveka ou Garrulus infaustus. Nilson. *Skandinav. Faun. fig.* 54. — Siberian Jay. Gould. *Birds of Europ. part.* 5.

Cette espèce porte en Norwége le nom de *Oiseau de malheur.* Il se tient, selon M. Boié, ordinairement blotti à l'enfourchure des branches près du tronc, où il fait entendre un cri très-perçant et sonore.

Nourriture. Larves, insectes et leurs cocons, souris et petits oiseaux.

Propagation. Niche sur les pins ou les sapins, à trois ou quatre aunes de terre; construit son nid de mousse, de fibres, poils et plumes; pond cinq ou six œufs plus petits que ceux de la Pie, d'un gris bleuâtre, avec des taches plus foncées.

~~~~~~~~~~~~~~~~

GENRE HUITIÈME.

CASSE-NOIX. — *NUCIFRAGA.*

Caractères. Voyez *Manuel*, vol. 1, page 116.

Deux autres espèces, de l'Asie et de l'Inde, sont modelées sur notre type européen.

CASSE-NOIX. — *N. CARYOCATACTES.*

Ajoutez :

Atlas du Manuel, pl. lithog. — Naum. *tab.* 58. *fig.* 2. — NUCIFRAGA GUTTATA et CARYOCATACTES. Vieill. *Galerie des Oiseaux, vol.* 1. *pl.* 105. — Id. *Faun. franç. p.* 124. *pl.* 36. *fig.* 1. — CASSE-NOIX MOUCHETÉ. Roux. *Ornit. provenç. v.* 1. *p.* 220. *tab.* 136. — NOTKRAKA. Nilson.

Skandinav. Faun. fig. 48. — Kurtz und langschnäbliger nussknacker. Brehm. *Vög. Deut. p.* 181. — Nocciolaja. Savi. *Ornit. Tosc. v.* 1. *p.* 133. — Nutcracker. Gould. *Birds of Europ.* part. 9.

Ses allures et son genre de vie tiennent beaucoup de ceux des Pies. On le trouve sur les Alpes : son apparition dans les plaines est rare. Il est, comme le *Jaseur*, de passage accidentel en Hollande : on le prend alors, comme ce dernier, dans les piéges tendus aux Grives.

GENRE NEUVIÈME.

PYRRHOCORAX. — *PYRRHOCORAX.*

Caractères. Voyez *Manuel*, vol. 1, page 119.

PYRRHOCORAX CHOCARD. — *P. PYRRHOCORAX.*

Ajoutez :

Atlas du Manuel, pl. lithog. — Naum. *tab.* 57. *fig.* 1. — Chocard des Alpes (*Pyrrhocorax Alpinus*). Vieill. *Galerie des Oiseaux*, p. 165. *pl.* 104. — Id. *Faun. franç.* p. 127. *fig.* 1. — Roux. *Ornit. provenç. v.* 1. *p.* 223. *tab.* 138. — Scneekrähe. Meisner et Schinz. *Vögel der*

Schweiz. p. 58. — ALPEN und BERG-DOHLENDROSSEL. Brehm. *Vög. Deut. p.* 176. — GRACCHIO. Savi. *Ornit. Tosc. v.* 1. *p.* 126.

M. Michahelles a vu près du mont Glockner, en Tyrol, un individu d'un blanc pur.

Les *jeunes*, après la première mue, ont le bec couleur de corne et les pieds d'un brun rougeâtre, à plante jaunâtre.

M. Savi dit que quelques montagnes dans le voisinage de Seravezza sont les seuls endroits en Toscane où se trouve cette espèce ; elle ne descend en plaine que dans les hivers les plus froids.

PYRRHOCORAX CORACIAS. — *P. GRACULUS.*

Ajoutez :

Atlas du Manuel, pl. lithog. — Naum. *tab.* 57. *fig.* 2. — CORACIAS A BEC ROUGE (*Coracia erythroramphos*). Vieill. *Galerie des Oiseaux, v.* 1. *p.* 163. *pl.* 103. — Id. *Faun. franç. p.* 125. *pl.* 36. *fig.* 2. — Roux. *Ornit. provenç. v.* 1. *p.* 221. *tab.* 137. — STEINKRÄHE. Meisner et Schinz. *Vög. der Schweiz. p.* 56. — STEIN und FELSEN-DOHLEN-DROSSEL. Brehm. *Vög. Deut. p.* 175. — THE CHOUGH. Gould. *Birds of Europ. part.* 6. C'est le FREGILUS GRA-CULUS de Cuvier. — GRACCHIO FORESTIERO. Savi. *Ornit. Tosc. p.* 130.

Vit l'été sur les pitons des Hautes-Alpes, et l'hiver dans les contrées alpestres moins élevées. Se trouve aussi en Angleterre sur les pitons rocailleux des côtes maritimes. Vit aussi sur les monts Himalaya, dans l'Inde.

~~~~~~~~~~~~~~~

GENRE DIXIÈME.

JASEUR. — *BOMBYCILLA*. (Briss.*)

Caractères. Voyez *Manuel*, vol. 1, page 123.

Bec court, droit, bombé en dessus comme en dessous; mandibule supérieure faiblement courbée vers son extrémité, terminée par une dent très-marquée. *Narines* basales ovoïdes, percées de part en part, ouvertes par devant, cachées par les petites plumes du front, ou nues. *Pieds* très-courts; des trois doigts antérieurs, l'externe coudé à la base à celui du milieu, l'interne libre. *Ailes* médiocres; la

---

* Il serait peut-être mieux vu de se servir du nom de *Bombyciphora*, dont j'ai fait usage, mais qui a subi la critique, par inadvertance de correction dans le texte du Manuel, où il est écrit *Bombycivora*.

première et seconde rémige les plus longues,
ou la première un peu plus courte que la
deuxième.

Le Jaseur d'Europe niche dans les parties
orientales du nord de l'Europe; il vit dans les
parties septentrionales de l'Asie. Il n'est pas
commun au Japon, où l'on trouve, indépendamment de celle qui passe accidentellement
en Europe, une troisième espèce, décrite et
figurée dans les planches coloriées, 450, sous
le nom de *Jaseur phénicoptère*. Son nom japonais est *Rensjak*.

GRAND JASEUR. — *B. GARRULA.*

Ajoutez aux synonymes :

AMPELIS GARRULUS. Nilson. *Ornit. suec. v. 1. p.* 184.
— JASEUR D'EUROPE. Vieill. *Galerie des Oiseaux.* — Id.
Faun. franç. p. 120. *pl.* 58. *fig.* 1. — Roux. *Ornit. prov.
v.* 1. *p.* 226. *tab.* 140. — HÖCH und PLATTKÖPFIGER SEIDEN-
SCHWANZ. Brehm. *Vög. Deut. p.* 218. — SIEDESVANS.
Nilson. *Skandinav. Faun. fig.* 43. — WAXED CHATTERER.
Gould. *Birds of Europ. part.* 3. — BECCOFRUSONE. Savi.
Ornit. Tosc. v. 1. *p.* 108. — *Atlas du Manuel, pl. lithog.*
— Naum. *Naturg. Neue Ausg. tab.* 59.

Les chasseurs du Nord assurent que cet

oiseau se montre aussi rarement en Norwége
et en Suède que dans les contrées tempérées.
Lorsqu'il est de passage accidentel en Hollande, on en prend beaucoup dans les trappes
tendues aux Grives. M. Savi le dit très-rare
en Toscane. Notre espèce vit aussi au Japon,
où elle est exactement la même; mais elle y
est beaucoup plus rare que la seconde espèce,
ou le *Jaseur phénicoptère* de mes planches
coloriées, 450. Le nom japonais de notre *grand
Jaseur* est *Hirenzjak.*

GENRE ONZIÈME.

ROLLIER. — *CORACIAS.*

Caractères. Voyez *Manuel*, vol. 1, page 126.

ROLLIER VULGAIRE. — *C. GARRULA.*

Les *jeunes* sont en dessus d'un brun terne,
et en dessous d'un gris verdâtre.

Ajoutez :

Nilson. *Ornit. suec. p.* 92. — *Atlas du Manuel, pl.
lithog.* — Galculus garrula. Vieill. *Faun. franç. p.* 128

pl. 57. *fig.* 2. — ROLLIER D'EUROPE. Roux. *Ornit. provenç.*
v. 1. *p.* 224. *tab.* 139. — DEUTSCHE, PLATTKÖPFIGE und
BLAUE-RACKE. Brehm. *Vög. Deut. p.* 157 à 160. — THE
ROLLER. Gould. *Birds of Europ. part.* 5. — GHIANDAJA
MARINA. Savi. *Ornit. Tosc. v.* 1. *p.* 104. — Naum. *Naturg.*
Neue Ausg. tab. 60. *mâle vieux et jeune.*

Habite. M. Savi dit qu'il est de passage accidentel en
Toscane : ce sont le plus souvent des jeunes. Commun
dans les États romains. Vit dans les jardins de Rome,
où il porte le nom de *Merdaja.*

Il est commun en Morée, mais difficile à
tuer. Il devient très-gras en automne, et les
habitans le recherchent à cette époque comme
nourriture, surtout dans les Cyclades.

GENRE DOUZIÈME.

LORIOT. — *ORIOLUS.*

Caractères. Voyez *Manuel,* vòl. 1, page 128.

LORIOT VULGAIRE. — *O. GALBULA.*

Ajoutez :

Vieill. *Faun. franç. p.* 107. *pl.* 51. *fig.* 1 et 2. —
Roux. *Ornit. provenç. v.* 1. *p.* 200. *tab.* 125, 126 et 127.

— Rigogolo. Savi. *Ornit. Tosc. v.* 1. *p.* 190. — *Atlas du Manuel, pl. lithog.* — Naum. *tab.* 61. — Coracias galbula. Nilson. *Ornit. suec. p.* 94. — Gelber gold und geschwätziger pirol. Brehm. *Vög. Deut. p.* 155. — Golden oriole. Gould. *Birds of Europ. part.* 2.

GENRE TREIZIÈME.

ÉTOURNEAU. — *STURNUS.*

Caractères. Voyez *Manuel*, vol. 1, page 130.

ÉTOURNEAU VULGAIRE. — *S. VULGARIS.*

Ajoutez :

Vieill. *Faun. franç. p.* 109. *pl.* 52. — Roux. *Ornit. provenç. v.* 1. *p.* 202. *pl.* 128. — Nilson. *Ornit. suec. p.* 264. — The Starling. Gould. *Birds of Europ. part.* 4. *les deux états de mue et le jeune.* — Storno. Savi. *Ornit. Tosc. v.* 1. *p.* 193. — *Atlas du Manuel, pl. lithog.* — Naum. *tab.* 62. — Haus, wald, glänzender und nordischer Staar *. Brehm. *Vög. Deut. p.* 198 à 400.

---

* Non content d'avoir distingué quatre espèces ou subespèces, M. Brehm en ajoute encore une cinquième, qu'il désigne sous le nom de Sturnus hollandiæ. *Supp. p.* 1016.

ÉTOURNEAU UNICOLORE. — *S. UNICOLOR.*

Cette espèce est facile à reconnaître par les longues plumes droites et subulées du jabot.

Ajoutez :

STORNO NERO. Savi. *Ornit. Tosc. p.* 196. — Temm. et Laug. *Planches coloriées d'Oiseaux*, 111. — SARDINIAN STARLING. Gould. *Birds of Europ. part.* 7. — *Atlas du Manuel, pl. lithog. une femelle.*

Le mâle a les plumes du jabot beaucoup plus longues.

M. Cantraine a observé, en Sardaigne, que cette espèce ne vit pas absolument séparée du *Sturnus vulgaris;* car ayant tiré, en décembre, un coup de fusil dans une grande volée d'Étourneaux, il tua des individus des deux espèces *. Il vit comme notre Étourneau, passe la nuit dans les fentes des rochers ou sur la toiture des habitations; le matin il se place

* Probablement une volée réunie pour le départ vers l'Afrique ; car il est prouvé que les deux espèces vivent l'hiver sur une grande partie du littoral de l'Afrique méditerranéenne.

sur les rameaux du *cactus opuntium*, pour y attendre, en gazouillant, le lever du brouil-lard, et se rendre alors dans la plaine.

~~~~~~~~~~~~~~~~~

GENRE QUATORZIÈME.

MARTIN. — *PASTOR.*

Caractères. Voyez *Manuel*, vol. 1, page 135.

Remarque. On m'a fait, non sans quelque fondement, la remarque que le nom de *Pastor* est vicieux; j'en conviens : mais en portant la même critique sévère sur tant d'autres dénominations génériques, il en faudrait supprimer un bon nombre. Si ce nom déplaît, on pourrait rendre le sens du mot par *Pecuarius*. M. Brehm en fait *Boscis*. (Br.)

MARTIN ROSELIN. — *P. ROSEUS.*

A la *seconde année* la tête et le cou se cou-vrent de plumes noirâtres lisérées de cendré; le bas de la poitrine, le ventre et l'abdomen sont d'un blanc roussâtre lavé de rose; les pennes des ailes et de la queue, d'un brun

noirâtre à légers reflets, et bordées de blanchâtre ; dos brun clair ; couvertures supérieures et inférieures de la queue brunes,
bordées de cendré ou de roussâtre. Cette
livrée a été indiquée par M. Roux, sur deux
sujets de Pondichéry : elle est exactement la
même dans ceux d'Afrique et d'Europe. (*Voyez*
Roux, *tab.* 177 *bis*, *fig.* 2.)

Ajoutez :

Atlas du Manuel, pl. lithog. — Acridotheres roseus.
Ranzani. *Élém. zool. v. 3. tab.* 17. *fig.* 4. — Storno
marino. Savi. *Ornit. Tosc. v.* 1. *p.* 198. — Staaramsel.
Brehm. *Vög. Deut. p.* 401. — Rose coloured Pastor.
Gould. *Birds of Europ. part.* 3. *le mâle vieux et le jeune
de l'année.* — Martin rose. Roux. *Ornit. provenç. p.* 272.
tab. 177. *mâle vieux.* 172. *fig.* 1. *jeune de l'année, et
fig.* 2. *jeune de la seconde année.* — Naum. *tab.* 63.
adulte et jeune.

Cet oiseau n'est pas de passage régulier dans
les parties méridionales ; il y vient accidentellement, comme le *Jaseur* dans nos provinces
tempérées, apparemment à la poursuite de
quelques espèces d'insectes dont il fait sa nourriture principale, qui, poussés par les vents,
ou d'autres causes accidentelles, visitent les
contrées où ces oiseaux se rendent alors acci-

dentellement, et disparaissent lorsque les insectes quittent le pays. C'est une espèce propre
aux climats chauds de l'Orient et du Midi : on
la voit assez souvent en Hongrie. Elle fut très-
commune, en 1832, en Dalmatie. Il en arriva,
dit M. Cantraine, en grande quantité à l'île
Pago, près du canal de Novigrad. Commun
en Toscane en 1818. M. Savi dit que, en 1789,
plusieurs paires ont niché en Italie. M. Gould
fait mention d'un sujet adulte tué près de
Windsor.

L'espèce est la même, du nord au midi,
dans toute l'Afrique : elle n'a point encore
été trouvée au Japon.

ORDRE TROISIÈME.

INSECTIVORES. — *INSECTIVORES.*

Caractères. Voyez *Manuel*, vol. 1,
page 139.

GENRE QUINZIÈME.

PIE GRIÈCHE. — *LANIUS.*

Caractères. Voyez *Manuel*, vol. 1, page 140.

Toutes les espèces parfaitement assorties à
ce genre ont une queue longue, plus ou moins
conique, et des ailes très-courtes, arrondies.

Remarque. J'ai déjà dit ailleurs, dans le texte de mes
planches coloriées, que le genre *Sparactes* doit être rayé
des méthodes, basé comme il l'est sur la planche des
Oiseaux d'Afrique de Levaillant. Cet oiseau est un
composé factice de plusieurs parties réunies d'espèces
de genres différens. Nonobstant cette remarque faite
depuis long-temps, et publiée dans deux de mes ou-

vrages, les auteurs systématiques continuent de l'établir comme genre adopté.

PIE GRIÈCHE GRISE. — *L. EXCUBITOR.*

Ajoutez :

Atlas du Manuel, pl. lithog. — Naum. *tab.* 49. *mâle et femelle.* — Vieill. *Faun. franç. p.* 148. *pl.* 64. *fig.* 1. — Roux. *Ornit. provenç. v.* 1. *p.* 249. *pl.* 152. — Nilson. *Ornit. suec. p.* 74. *sp.* 33. — Grosser, und Grauer würger. Brehm. *Vög. Deut. p.* 232. — Great shrike. Gould. *Birds of Europ. part.* 2. — Averla maggiore. Savi. *Ornit. Tosc. v.* 1. *p.* 94.

PIE GRIÈCHE MÉRIDIONALE. — *L. MERIDIONALIS.*

Ajoutez :

Atlas du Manuel, pl. lithog. — Roux. *Ornit. provenç. v.* 1. *p.* 251. *tab.* 153. — Mittägiger würger. Meyer. *Ornit. Taschenb. v.* 3. *p.* 22. — Great grey shrike. Gould. *Birds of Europ. part.* 4. *le mâle adulte.* — Averla forestiera. Savi. *Ornit. Tosc. v.* 1. *p.* 102.

M. Roux dit, dans l'ouvrage précité, que Vieillot considérait sa *Pie grièche boréale* comme identique avec la *méridionale.* Je puis assurer positivement qu'il s'est trompé, car ce sont deux espèces distinctes ; ce que la différence très-marquée de climat aurait pu faire soupçonner d'avance.

Ajoutez à la description de cette espèce :

Une bande blanche, partant du bec, passe au-dessus des yeux en forme de sourcils.

M. Savi dit qu'il n'a pas trouvé cette espèce en Toscane. Le prince de Musignano tua un individu près de Rome. Cette espèce nous vient accidentellement du nord de l'Afrique, quoiqu'on la dise sédentaire en Espagne *. Elle vit probablement aussi dans le Levant. — J'ai reçu des individus de Tripoli, et quelques sujets tués en Provence.

PIE GRIÈCHE A POITRINE ROSE. — *L. MINOR.*

Ajoutez :

Atlas du Manuel, pl. lithog. — Naum. *tab.* 5o. *vieux mâle et jeune de l'année.* — Pie grièche a front noir. Vieill. *Faun. franç. pl.* 64. *fig.* 2 *et* 3. — Roux. *Ornit. provenç. vol.* 1. *p.* 252. *tab.* 154. — Rosenbrüstiger,

---

* M. Gould dit que le British Museum possède un sujet rapporté d'Espagne par M. Cooke.

Partie IIIe.

SCHWARZSTIRNIGER und MITTLER WÜRGER. Brehm. *Vög.
Deut. p. 225 et 236.* — LEUER GREY SHRIKE. Gould. *Birds
of Europ. part. 1.* — AVERLA CENERINA. Savi. *Ornit. Tosc.
v. 1. p. 96.*

PIE GRIÈCHE ROUSSE. — *L. RUTILUS.*

Ajoutez :

Atlas du Manuel, pl. lithog. — Vieill. *Faun. franç.
p. 151. pl. 65. fig. 2 et 3.* — Roux. *Ornit. provenç. v. 1.
p. 256. tab. 157 et 158. mâle et femelle.* — NUMÉROS 1, 2
et 3. Brehm. *Vög. Deut. p. 237 et 238.* — AVERLA CAPI-
ROCCA. Savi. *Ornit. Tosc. v. 1. p. 98.* — *Cité dans le
Catalogue des Oiseaux de Morée.* — Naum. *Naturg. Neue
Ausg. tab. 51.*

Ajoutez à l'article *propagation :*

Cette espèce choisit ordinairement des herbes odori-
férantes pour la confection du nid. M. Lichtenstein a
fait la même remarque sur la nidification du *Lanius
minor.*

PIE GRIÈCHE ÉCORCHEUR. — *L. COLLURIS.*

Ajoutez :

Atlas du Manuel, pl. lithog. — Naum. *tab. 52. mâle
et femelle.* — Vieill. *Faun. franç. p. 153. pl. 66. fig. 1, 2
et 3.* — Roux. *Ornit. provenç. v. 1. p. 254. tab. 155 et
156. mâle et femelle.* — Nilson. *Ornit. suec. p. 72. sp. 32.*

— Dorndrehender , rothrückiger und busch-würger. Brehm. *Vög. Deut. p.* 234. — Averla piccola. Savi. *Ornit. Tosc. v.* 1. *p.* 98.

vvvvvvvvvvvvvvvvvv

GENRE SEIZIÈME.

GOBE-MOUCHE. — *MUSCICAPA.*

Caractères. Voyez *Manuel*, vol. 1, page 150.

On pourrait distraire encore quelques groupes de la grande famille des *Gobe-mouches*. Ces coupes se trouvent indiquées dans l'Analyse du Système.

GOBE-MOUCHE GRIS. — *M. GRISOLA.*

Ajoutez :

Butalis montana , pinetorum et grisola. Brehm. *Vög. Deut. p.* 220. — *Atlas du Manuel, pl. lithog.* — Vieill. *Faun. franç. p.* 143. *pl.* 62. *fig.* 2 et 3. — Roux. *Ornit. provenç. v.* 1. *p.* 244. *tab.* 149. — Muscicapa grisola. Nilson. *Ornit. suec. vol.* 1. *p.* 187. — Naum. *tab.* 64. *fig.* 1.

GOBE-MOUCHE A COLLIER. — *M. ALBICOLLIS.*

Ajoutez :

Atlas du Manuel, pl. lithog. le mâle. — Muscicapa streptophora. Vieill. *Faun. franç. p.* 145. *pl.* 63. *fig.* 2 et 3. — Roux. *Ornit. provenç. v.* 1. *p.* 246. *tab.* 151. *le mâle au printemps.* — Muscicapa albifrons et albicollis. Brehm. *Vög. Deut. p.* 223. — *Zool. danica. tab.* 136. — Naum. *Naturg. Neue Ausg. tab.* 65. *fig.* 1 et 2. *mâle et femelle.*

Remarque. La mue, dans cette espèce et la suivante, n'est point double. Quoique les couleurs du plumage éprouvent les changemens indiqués dans le premier volume du Manuel, l'accroissement progressif des plumes, combiné avec leur usure par le bout, opère ces changemens périodiques. (*Voyez* l'introduction, sous la rubrique *mue*, numéro 1.)

Habite. Cette espèce vit habituellement dans les fourrés les plus touffus des bois et des forêts ; tandis que la suivante donne la préférence aux vergers et à la lisière des bois. Leur cri d'appel est différent ; celle-ci fait entendre un sifflement aigu et désagréable , tandis que le Bec-figue a une voix sonore et agréable.

GOBE-MOUCHE BEC-FIGUE. — *M. LUCTUOSA.*

M. Roux indique encore un autre caractère pour servir de distinction spécifique entre

luctuosa et *albicollis*. Il suffira d'avoir égard à
la longueur de la première penne de l'aile,
qui n'est pas plus longue, souvent plus courte,
que la quatrième chez *luctuosa*, tandis qu'elle
est constamment plus longue dans *albicollis*.

Ajoutez aux synonymes :

Atlas du Manuel, pl. lithog. — *le mâle au printemps.*
— Naum. *Naturg. Neue Ausg. tab.* 64. *fig.* 2. *vieux
mâle.* 3. *jeune mâle. et* 4. *jeune femelle.* — Muscicapa
atricapilla. Vieill. *Faun. franç. p.* 145. *pl.* 63. *fig.* 1.
—Roux. *Ornit. provenç. v.* 1. *p.* 245. *tab.* 150. *mâle et
femelle.* — Nilson. *Ornit. succ. v.* 1. *p.* 190. — Svert
ach avit flugsnapper. Id. *Skandinav. Faun. tab.* 52.
fig. 1. *le mâle, en été, conservant quelques bordures grises
de la livrée d'hiver. fig.* 2. *la femelle.*

Remarque. M. Brehm reproduit cette espèce sous six
rubriques différentes. (Voyez *Vogel Deut. p.* 224 à
227.)

GOBE-MOUCHE ROUGEATRE. — *M. PARVA.*

La mue de cette espèce est simple ; mais les
couleurs du plumage, particulièrement celles
des parties inférieures, changent périodiquement, par les mêmes causes que chez les
espèces précédentes.

Muscicapa parva et rufogularis. Brehm. *Vög. Deut.*
p. 227. — *Atlas du Manuel*, pl. lithog. le mâle au printemps. — Naum. *Naturg. Neue Ausg. tab.* 65. *jeune de*
l'année. fig. 3.

Habite les environs de Vienne, mais en petit nombre :
plus abondant en Hongrie. Il a toutes les allures du
Rouge-gorge, auquel il ressemble par les teintes du
plumage : sa voix tient aussi du gazouillement de notre
Bec-fin rouge-gorge.

GENRE DIX-SEPTIÈME.

MERLE. — *TURDUS.*

Caractères. Voyez *Manuel*, vol. 1, page 160.

M. Savi (*Ornithologie de Toscane*, page 202)
réunit en un même genre nos *Merles* ou *Grives*
avec les *Bec-fins* ou *Fauvettes.* Cette réunion
est en effet naturelle ; car les *Merles* ne sont,
à tout prendre, que de grandes *Fauvettes*, et
nos *Bec-fins* riverains, sylvains, etc., ont les
caractères et les formes des petites espèces de
Merles.

PREMIERE SECTION.

SYLVAINS.

MERLE DRAINE. — *T. VISCIVORUS.*

Ajoutez :

Atlas du Manuel, pl. lithog. — GRIVE DRAINE. Vieill. *Faun. franç. p.* 157. *pl.* 67. *fig.* 2 *et* 3. — Roux. *Ornit. provenç. vol.* 1. *p.* 261. *tab.* 162 *et* 163. *variété albine.* — HOCHKÖPFIGE et PLATTKÖPFIGE und BAUM DROSSEL: Brehm. *Vög. Deut. p.* 379. — DUBBEL TRAST. Nilson. *Skandinav. Faun. tab.* 22 A. — Id. *Ornit. suec. v.* 1. *p.* 171. — TORDELA. Savi. *Ornit. Tosc. v.* 1. *p.* 208. — MISTEL-DROSSEL. Naum. *Naturg. Neue Ausg. tab.* 66. *fig.* 1.

Voyage solitairement ou par famille, jamais en bandes comme les autres espèces.

Niche partout en Allemagne et en France; place son nid à la bifurcation des grosses branches. Son nom de *Draine* en français, et de *Schnarrer* en allemand, lui vient de ce qu'il crie ou *réclame* continuellement lorsqu'on approche du nid.

MERLE LITORNE. — *T. PILARIS.*

Ajoutez aux synonymes :

Atlas du Manuel, pl. lithog. — Naum. *Naturg. Neue Ausg. tab.* 67. *fig.* 2.—Nilson. *Ornit. suec. v.* 1. *p.* 177.— Vieill. *Faun. franç. p.* 158. *pl.* 68. *fig.* 1. — Roux. *Ornit. provenç. v.* 1. *p.* 263. *tab.* 164. — Grosse, mittlere und hochköpfige wachholderdrossel. Brehm. *Vög. Deut. p.* 383.—Bijorktrast. Nilson. *Skandinav. Faun. tab.* 24 A. — Cecena. Savi. *Ornit. Tosc. v.* 1. *p.* 209. — Fieldfare. Gould. *Birds of Europ. part.* 8.

Niche toujours en société, et voyage par grandes bandes : c'est la dernière de passage en Hollande : elle couvre les prés de ses volées nombreuses.

MERLE GRIVE. — *T. MUSICUS.*

Ajoutez :

Atlas du Manuel, pl. lithog. — Naum. *Naturg. Neue Ausg. tab.* 66. *fig.* 2. — Nilson. *Ornit. suec. vol.* 1. *p.* 173. — La Grive de vignes. Vieill. *Faun. franç. p* 156. *fig.* 1. — Roux. *Ornit. provenç. v.* 1. *p.* 259. *tab.* 159 *et* 160. — Hochköpfige, mittlere und plattköpfige sing-drossel. Brehm. *Vög. Deut. p.* 383. —Tordo bottaccio. Savi. *Ornit. Tosc. v.* 1. *p.* 211. — Songthrush. Gould. *Birds of Europ. part.* 4.

Son chant est sonore et soutenu : elle voyage solitairement : vit aussi en Morée.

MERLE MAUVIS. — *T. ILIACUS.*

Ajoutez :

Atlas du Manuel, pl. lithog. — Naum. *Naturg. tab.* 67. *fig.* 1. — Nilson. *Ornit. suec. v.* 1. *p.* 175. — Vieill. *Faun. franç. p.* 159. *fig.* 2. — Roux. *Ornit. provenç. v.* 1. *p.* 260. *tab.* 161. — Hochköpfige, mittlere und plattköpfige weindrossel. Brehm. *Vög. Deut. p.* 385. — Rodvinge trast. Nilson. *Skandinav. Faun. tab.* 23 A. — Tordo sassello. Savi. *Ornit. Tosc. v.* 1. *p.* 215. — Rodwing. Gould. *Birds of Europ. part.* 4.

Voyage par grandes bandes.

MERLE A PLASTRON. — *T. TORQUATUS.*

Ajoutez :

Atlas du Manuel, pl. lithog. le mâle. — Naum. *tab.* 70. — Vieill. *Faun. franç. p.* 162. *pl.* 70. *fig.* 2. — Roux. *Ornit. provenç. vol.* 1. *p.* 267. *tab.* 171 *et* 172. *mâle et femelle.* — Nilson. *Ornit. suec. vol.* 1. *p.* 181. — Nordische, ring, Goldchnäblige und alpen kragamsel. Brehm. *Vög. Deut. p.* 375. — Merlo col petto bianco. Savi. *Ornit. Tosc. v.* 1. *p.* 206.

Niche en Allemagne sur les montagnes, en Suisse parmi les rochers ; voyage par petites compagnies.

M. Boié n'en vit jamais dans les forêts de la Norwége, mais toujours sur les rochers arides des bords de la mer.

MERLE NOIR. — *T. MERULA.*

M. Roux fait mention d'une *variété constante.* Dans le jeune âge, les pennes de la queue sont traversées par une large bande blanche. (*Voyez* sa planche 170.) Elle vit dans les montagnes d'auprès de Nice, où les gens de la campagne la désignent sous le nom de *Moineau solitaire de la queue blanche.* Dès la première mue, les plumes de la queue sont remplacées par d'autres totalement noires.

Ajoutez aux synonymes :

Atlas du Manuel, pl. lithog. — BLACK OUSEL. Gould. *Birds of Europ. part.* 8. — Naum. *tab.* 71 — Nilson. *Ornit. suec. v.* 1. *p.* 179. — Vieill. *Faun. franç. p.* 161. *pl.* 69 *et* 70. — Roux. *Ornit. provenç. vol.* 1. *p.* 261. *tab.* 167 *à* 169. — FICHTEN, STOCK, HOCHKÖPFIGE und KRAINISHE AMSEL. Brehm. *Vög. Deut. p.* 372. — MERLO. Savi. *Orn. Tosc. p.* 205.

Voyage solitairement, et habite l'hiver dans quelques contrées du nord et du centre de l'Europe. Se trouve aussi en Morée.

MERLE ERRATIQUE.

TURDUS MIGRATORIUS. (Linn.)

Tête d'un gris-ardoise, marquée de trois taches blanches sur les côtés ; toute l'étendue de la gorge marquée de taches oblongues noires sur fond blanc ; devant du cou, poitrine et ventre d'un roux rougeâtre, couleur de brique, plus ou moins marqué par de légères bordures blanchâtres placées vers le bord des plumes ; abdomen et couvertures inférieures de la queue blancs ; queue d'un brun noir, lisérée de gris ; la penne extérieure terminée par une tache blanche placée sur les barbes intérieures ; parties supérieures du corps et les ailes d'un brun enfumé ou noirâtre. Bec jaune, noirâtre vers le bout ; tour des yeux blanchâtre ; pieds d'un brun pâle. Longueur, huit pouces neuf lignes. Le *vieux mâle*.

La *femelle* a les teintes moins vives et moins pures.

Les *jeunes* diffèrent des vieux par les mouchetures du dessous du corps et des couvertures
des ailes, et par le gris-roux des parties supérieures du corps.

TURDUS MIGRATORIUS. Linn. *Syst.* 1. *p.* 292. *sp.* 6. —
Gmel. *Syst.* 1. *p.* 811. — Lath. *Ind. Ornit. v.* 1. *p.* 380.
sp. 12. — TURDUS CANADENSIS. Briss. *Ornit. v.* 2. *p.* 225.
— La LITORNE DE CANADA. Buffon. *Oiseaux. v.* 8. *p.* 307.
— GRIVE DU CANADA. Id. *pl. enlum.* 556. *fig.* 1. —
GRIVE ERRATIQUE. Vieill. *Oiseaux de l'Amérique septen-
trionale. v.* 2. *pl.* 60. *adulte. et* 61. *jeune.* — FIELDFARE
OF CAROLINA. Catesb. *Cor. v.* 1. *tab.* 29. — RED-BREASTED
THRUSH. Richardson. *Faun. boreal. am. p.* 176. *sp.* 37.
— Lath. *Syn. v.* 3. *p.* 26. — Arct. *Zool. v.* 2. *p.* 196.
— THE ROBIN. Wilson. *Americ. Ornit. v.* 1. *pl.* 2. *fig.* 2.
— WANDERDROSSEL. Brehm. *Vög. Deut. p.* 388.

Habite l'Amérique septentrionale, en été, jusqu'à
la baie d'Hudson. A été observé et tué quelquefois en
Allemagne. Brehm dit qu'on a vu des individus dans les
environs de Vienne.

Nourriture. Baies, insectes et vers.

Propagation. Niche en Amérique sur les arbres de
moyenne hauteur; compose le nid de petites racines
et d'herbes sèches liées ensemble avec une sorte de
limon. La ponte est de quatre ou cinq œufs d'un bleu
clair, varié de quelques taches effacées.

MERLE A GORGE NOIRE. — *T. ATROGULARIS.*

La *vieille femelle*, qui n'est pas indiquée page 169 du Manuel, porte la livrée suivante :

Elle est en dessus d'un gris olivâtre, mais les ailes portent des teintes plus foncées ; le devant du cou, là où le *mâle* est noir, est chez la *femelle* d'un roux jaunâtre marqué de stries longitudinales noires ; sur la région thorachique une tache en fer à cheval, d'un noirâtre marqué de grisâtre ; le reste des parties inférieures d'un cendré blanchâtre, mais marqué vers les flancs de stries grises ; les couvertures inférieures de la queue blanchâtres, nuancées de brun jaunâtre.

Les *jeunes mâles*, décrits dans le Manuel, diffèrent peu de cette livrée.

Ajoutez aux synonymes :

Turdus bechsteinii. — Nauman. *Naturg. Neue Ausg.* v. 2. p. 310. tab. 69. *fig.* 1. le vieux mâle. et fig. 2. le jeune de l'année, indiqué par Bechstein, sous le nom de Turdus dubius. — *Atlas du Manuel, pl. lithog. mâle.* — Die schwarzkehlige drossel. Brehm. *Vög. Deut. p.* 399.

M. Brehm prétend que l'individu figuré et

décrit par Naumann comme le jeune de cette espèce, *ne l'est point*, mais doit être classé avec le *Merle aurore* (T. auroreus de Pallas); espèce que je décris plus bas, mais que je n'ai pas été à même de voir en nature.

Le même auteur est d'avis que le *Turdus dubius* de Bechstein, cité dans le Manuel et chez Naumann comme synonyme de notre *T. atrogularis*, n'est pas cet oiseau ; mais qu'il doit former une espèce distincte.

M. Gloger pense que ce *Turdus dubius* est le jeune du *Turdus Naumannii*. Ne pouvant émettre aucune opinion basée sur la vue des sujets identiques, je crois rendre service en offrant ici la description fournie par M. Brehm, de son *Turdus dubius*.

Cet oiseau est intermédiaire entre *Turdus pilaris* et *iliacus*, et a leur ressemblance avant la première mue *. Le dessus du corps est d'un beau brun olivâtre, mais le croupion plus clair ; bordures roussâtres sur les ailes, et une bande brune peu distincte sur les yeux ;

* Traduction littérale du texte, que je laisse à comprendre à ceux qui pourront l'interpréter.

le devant du corps, jusqu'en haut de la poitrine, est couleur de tan, sans taches sur le
milieu de la gorge, mais avec des stries d'un
brun noirâtre aux côtés; ces taches prennent
une forme triangulaire sur la partie supérieure de la poitrine; le reste des parties inférieures est d'un blanc terne.

Le *plumage du jeune* ressemble à celui du
Turdus atrogularis; mais on remarque une
bande jaunâtre au-dessus des yeux.

Des individus sous cette livrée ont été pris
dans les forêts de la Thuringe.

Remarque. Si M. Brehm ne donnait pas dans son gros
volume une si immense série d'*espèces* ou *subespèces*
nouvelles, toujours deux, souvent trois, et jusqu'à six,
distraites de nos espèces adoptées, on pourrait attacher
quelque valeur à des différences dans la forme des
taches et dans l'existence ou l'absence d'une bande
sourcilière; mais lorsqu'on le voit classer spécifiquement et isoler chaque légère nuance de teinte ou de
forme de bec; lorsqu'il indique tant d'espèces à *crâne
élevé* et à *crâne déprimé*, il est bien permis de se défier
un peu des distinctions qu'il signale comme caractéristiques.

Ajoutez encore : qu'on ne saurait mettre trop de réserve dans l'admission des espèces présumées nouvelles,

surtout lorsqu'il s'agit de *Merles asiatiques*. Le plus grand nombre des espèces qui me sont connues offrent, aux différentes époques de la mue et dans les périodes de l'âge, des disparités si marquées dans les teintes, la distribution de celles-ci, et dans la forme des taches, qu'il peut se faire très-facilement qu'on sépare comme distincte *le jeune, la femelle et le vieux mâle d'une même espèce.*

MERLE NAUMANN.— *T. NAUMANNII.*

Placez en tête de cet article :

Le sommet de la tête et le méat auditif d'un brun foncé; les couvertures inférieures de la queue rousses.

L'*adulte* diffère très-peu des *jeunes;* la *femelle* a des teintes un peu plus pâles que le mâle.

Atlas du Manuel, pl. lithog. mâle. — Naumans drossel. Brehm. *Vög. Deut. p.* 391. *vieux.* — Naum. *Naturg. Neue Ausg. tab.* 68, *figures des jeunes d'âge différent.*

M. Gloger range cette espèce sous les synonymes du *Turdus ruficollis* de Pallas et de Latham ; mais M. Brehm prouve qu'il se trompe : je suis de l'avis de ce dernier.

L'existence de cette espèce en Italie ne repose pas sur des renseignémens certains.

Remarque. Nous classons ici quelques espèces de
Merles dont l'apparition dans les limites géographiques
de l'Europe n'est pas encore clairement prouvée, ou qui
reposent sur la capture d'individus isolés.

MERLE BLAFARD.

TURDUS PALLIDUS. (Pall.)

Toutes les parties supérieures d'un brun
olivâtre plus ou moins pâle ; au-dessus des
yeux , de larges sourcils d'un roux fortement
coloré de jaunâtre; gorge, région thorachique
et les flancs unicolores, d'un roux jaunâtre ou
couleur d'ocre ; une tache blanche jaunâtre
aux joues; les bords latéraux de la gorge marqués d'une bande brune olivâtre ; milieu du
ventre, abdomen et couvertures du dessous de
la queue d'un blanc pur ; couvertures du dessous des ailes blanches , terminées de jaunâtre;
pennes de la queue d'un brun cendré, l'extérieure terminée de blanc ; une bande jaunâtre
sur les ailes. Longueur totale, huit pouces
trois ou quatre lignes. Les *différences sexuel-*
les ni les états différens d'âge ne sont pas encore
connus.

Turdus pallidus. Pallas. *Voy.* — Gmel. *Syst.* v. 1. p. 815. — Lath. *Ind. Ornit.* v. 1. p. 334. *sp.* 27. — Turdus Seyffertitzii. Brehm. *Vög. Deut.* p. 387 ; qui suppose que son espèce, sous ce nom, est différente de *Turdus pallidus.* (*Voyez* aussi la variété de *Turdus iliacus*, indiquée par Naumann. *Naturg. Deut. vol.* 2. p. 279.) — Pole thrush. Lath. *Syn.* v. 3. p. 32.

Remarque. L'apparition de cette espèce en Europe est basée sur la capture de trois individus.

Habite la Sibérie. Un individu a été capturé, en septembre 1823, en Saxe, près de Herzberg.

Nourriture et *propagation* inconnues.

MERLE A SOURCILS BLANCS.

TURDUS SIBIRICUS. (Pall.)

Tout le plumage d'un noir bleuâtre foncé, mais la gorge et le devant du cou d'un noir plein ; de très-larges sourcils d'un blanc pur au-dessus des yeux ; les pennes des ailes et de la queue d'un noir mat, mais toutes les pennes des ailes blanches sur les barbes intérieures, ce qui forme une bande oblique à la face interne de ces parties ; les trois pennes latérales de la queue et les couvertures de dessous terminées par une petite tache blanche ; bec noir; pieds bruns. Longueur, neuf pouces. Le *vieux mâle*.

La *vieille femelle* a la gorge blanchâtre, marquée de petits points bruns, et la partie latérale de cette gorge encadrée par une bande longitudinale noire ; les joues grivelées de brun blanchâtre ; la large bande sourcilière d'un blanc jaunâtre : le reste, comme dans le mâle.

Les *jeunes de l'année* diffèrent beaucoup par les couleurs de leur robe. Toutes les parties supérieures d'un brun olivâtre ; les ailes et la queue d'un brun foncé ; les pennes des premières portant à leurs barbes intérieures une teinte d'un blanc roussâtre ; les sourcils d'un blanc jaunâtre, marqués de stries brunes ; gorge et joues d'un blanc roussâtre marqué de grivelures olivâtres ; le devant du cou et la poitrine d'un brun olivâtre, mais chaque plume portant au centre une grande tache blanchâtre ou légèrement roussâtre, en forme de fer de lance ; les flancs, les cuisses, les côtés du ventre et l'abdomen d'une teinte olivâtre, de façon que seulement la ligne médiane du ventre est d'un blanc pur ; de grandes taches blanches lancéolées terminent les plumes du dessous de la queue : bec et pieds bruns.

TURDUS SIBIRICUS. Pall. *Voy. v.* 3. *p.* 694. — Gmel. *Syst. v.* 1. *p.* 815. — Lath. *Ind. Ornit. vol.* 1. *p.* 333. *sp.* 26. — WHITE-BROWED THRUSH. Id. *Syn. v.* 3. *p.* 31. — TURDUS LEUCOCILLUS. Pall. *Fauna ross. v.* 1. *p.* 450. *vieux.*

Remarque. Repose sur un sujet déposé par Pallas dans la collection de feu M. son père, et que Pallas indique comme ayant été tué dans la Russie méridionale.

Habite la Sibérie, sur les montagnes boisées. Se trouve aussi au Japon, où il porte le nom de *Kurotsijotori*.

Nourriture et *propagation* inconnues.

Remarque. M. Brehm indique encore les deux espèces suivantes : elles me sont totalement inconnues.

Turdus auroreus de Pallas. *Fauna rossica. p.* 448. — *Die gelbliche Drossel.* Brehm. *Vögel Deut.*, page 392, en ces termes :

Les deux rémiges extérieures brunes, à bout blanc ; les couvertures inférieures des ailes brunes, terminées de blanc et de jaune d'ocre.

Le dessus du corps olivâtre ou gris-brun, tirant au brun sur le bas du dos ; la petite

bande sourcilière blanche ou jaune * ; le corps,
d'un jaune roussâtre, prend une teinte blanche au ventre ; deux bandes brunes sur les
côtés de la gorge ; sur le gosier des bordures
brunes ; à la poitrine des taches triangulaires,
et sur les flancs des croissans de cette couleur ;
le dessous des ailes brun, à bout de plumes
blanc et jaune. Longueur, selon le pied allemand et suivant l'indication de Brehm, huit
pouces six lignes jusqu'à neuf pouces trois
lignes. Le *mâle*.

La *femelle* est plus pâle.

M. Brehm donne comme le jeune de cette
espèce le *Turdus Bechsteinii*, de Naumann,
figuré par cet auteur, table 69, figure 2, mais
que ce dernier dit être le jeune de notre *Turdus atrogularis*.

Repose sur la capture de deux individus, l'un
pris en septembre 1820, près de Braconswick ;
l'autre en octobre 1826, près de Breslaw.

Habite, selon Pallas, l'île Kadiak, côte nord-ouest
de l'Amérique septentrionale.

---

* Traduction littérale du texte de M. Brehm. Il y a cependant une assez grande différence entre les teintes olivâtres ou
le gris brunâtre, et entre le jaune et le blanc.

Turdus minor. **Latham.** *Die kleine Drossel.*
Brehm. *Vögel,* page 393.

Aurait des grivelures brunes sur fond blanc
à la poitrine, le reste du dessous du corps
blanc; les parties supérieures olivâtres, ou
d'un brun olivâtre; les rémiges et la queue
roussâtres. Longueur, à peu près sept pouces.

On ne saurait décider si cet oiseau est le
Turdus solitarius ou le *Turdus minor* de l'Ornithologie boréale de Richardson. (*Voyez* planches 35 et 36.)

Repose sur la capture d'un sujet unique,
pris le 22 décembre 1825 dans le duché d'Anhalt Cöthn, près de l'Elbe.

DEUXIÈME SECTION.

SAXICOLES *.

MERLE DE ROCHE. — *T. SAXATILIS.*

Ajoutez :

Atlas du Manuel, pl. lithog. le très-vieux mâle. —
Naum. *Naturg. Neue Ausg. tab.* 73. — Vieill. *Faun.*

---

* M. Boié en fait un genre sous le nom de *Petrocossyphus.*
M. Brehm classe nos deux espèces en deux genres. M. Vigors
en fait le genre *Petrocincla.*

franç. p. 163. *pl.* 71 *et* 72. — Roux. *Ornit. provenç. v.* 1.
p. 270. *tab.* 175 *et* 176. *mâle et femelle.* — GROSSE, BUNTE,
COURCY , und SPOTT-STEINDROSSEL. Brehm. *Vög. Deut.*
p. 369. — CODIROSSONE. Savi. *Ornit. Tosc. v.* 1. *p.* 218.
— ROCK THRUSCH. Gould. *Birds of Europ. part.* 2.

MERLE BLEU. — *T. CYANEUS.*

Le *vieux mâle au printemps* est d'un bleu
pur , sans aucune tache.

Ajoutez :

Atlas du Manuel , pl. lithog. le mâle. — Vieill.
Faun. franç. p. 163. *pl.* 70 *et* 71. — Roux. *Ornit. prov.*
v. 1. *p.* 268. *tab.* 173 *et* 174. *mâle et femelle.* — BLAUE
STEINDROSSEL. Brehm. *Vög. Deut. p.* 368. — PASSERA
SOLITARIA. Savi. *Ornit. Tosc. v.* 1. *p.* 217. — BLUE THRUSH
(Petrocincla cyanea). Gould. *Birds of Europ. part.* 6.

L'ouvrage de M. Brehm indique encore PE-
TROCOSSYPHUS MICHAHELLIS. Brehm. *Vög. Deut.*
Supp. p. 1007.

Les teintes sont d'un bleu vif, couleur de
prune. *Selon M. Brehm ,* il diffère par une
plus petite taille , par un bec moins allongé ,
par son coronal élevé au-dessus du frontal.
Se trouverait en Dalmatie, où il vit et se
propage comme l'espèce ordinaire. J'ai reçu
des *Merles bleus* de Dalmatie ; mais je n'ai pu

-trouver aucune différence remarquable dans les individus de cette contrée.

Habite. Le Merle bleu n'est point rare en Provence, en automne ; il y vit sédentaire : on le dit aussi commun en Morée et dans le Levant.

Remarque. Dans les collections reçues jusqu'ici du Japon, ne se trouve aucune de nos espèces européennes communes du genre *Merle*. Cette partie du globe nourrit cependant un très-grand nombre de ces oiseaux : nous y avons énuméré jusqu'à dix espèces distinctes, toutes formées sur le type de nos *Turdus*. Comme représentant des *Merles saxicoles*, on trouve au Japon le *Merle solitaire de Manille* des planches enluminées de Buffon, 636, le mâle, et 564, figure 2, la femelle. Nous avons décrit et figuré quelques espèces de Merles nouveaux du Japon, dans le Recueil des planches coloriées.

GENRE DIX-HUITIÈME.

CINCLE. — *CINCLUS.*

Caractères. Voyez *Manuel*, vol. 1, page 176.

Ajoutez :

Ces oiseaux se plaisent dans le voisinage des

eaux limpides, près des cascades et dans les sites
rocailleux : ils entrent dans l'eau, se submer-
gent totalement, et suivent, dans le lit des
torrens, les insectes qui leur servent de pâture. Dans cette immersion, ils déploient les
ailes en les agitant continuellement. Leurs
plumes sont à cet effet enduites d'une matière
huileuse comme celle qui couvre les plumes
des canards. *On dit* que lorsqu'ils se promènent
au fond de l'eau, ils paraissent revêtus d'une
couche de bulles d'air qui les rendent très-
brillans.

CINCLE PLONGEUR. — *C. AQUATICUS.*

Ajoutez :

Atlas du Manuel, *pl. lithog.* — Naum. *Neue Ausg.*
tab. 91. — AGUASIÈRE A GORGE BLANCHE (*Hydrobata albicollis*). Vieill. *Faun. franç.* p. 166. *pl.* 73. *fig.* 1. —
Roux. *Ornit. provenç.* v. 1. p. 274. *tab.* 178. *l'adulte. et*
pl. 179. *le jeune de l'année.* — DER HOCHKÖPFIGE, MITTLERE
und NORDISCHE WASSERSCHWÄTZER. Brehm. *Vög. Deut.*
p. 395.

Un mâle adulte a été tué au printemps de
l'année 1832 dans les environs du lac de Harlem, sur un petit étang d'eau stagnante dans

les dunes boisées ; on l'y avait observé depuis plusieurs jours, rôdant dans le voisinage de cet étang ; preuve évidente qu'il trouvait dans cet endroit l'occasion de se livrer à ses habitudes, et le genre de nourriture qui lui convient. Vit dans le Nord et dans les régions arctiques, partout où se trouvent des cascades : l'espèce y est la même que dans nos contrées tempérées.

———

M. Brehm énumère parmi les *subspecies* de cette espèce un oiseau qu'on ne saurait admettre de pleine autorité, et sans l'avoir vu, au nombre des variétés de notre *Cincle plongeur* vulgaire. J'en donne la description sur les renseignemens fournis par ce naturaliste.

CINCLE A VENTRE NOIR.

CINCLUS MELANOGASTER. (Brehm.)

La queue est composée de dix pennes *.

Il est moins grand que le précédent, et

———

* La queue du *Cincle plongeur* est composée de douze pennes. Serait-ce, peut-être, une variété individuelle ?

d'une teinte généralement très-foncée. La tête
et la nuque d'un brun très-foncé ; le manteau
couleur ardoise, avec des bordures noires; les
pennes des ailes noires; le devant du cou et la
poitrine d'un blanc terne, maculé d'une teinte
plus sombre; toutes les autres parties inférieures noirâtres, avec les bords des plumes
cendrés. Longueur, sept pouces six lignes.

Il paraît habiter, dit toujours M. Brehm,
les parties orientales du Nord; arrive, dans
les hivers très-rigoureux, sur les côtes de la
Baltique, dans l'île de Rügen; est peu défiant;
se nourrit d'insectes et de leurs larves.

*Je doute que ce soit une espèce distincte.
Toutefois je m'en réfère à ceux qui seront dans
le cas de voir et de comparer.*

CINCLE DE PALLAS.

CINCLUS PALLASII. (Mihi.)

Un peu plus grand que le *Cincle plongeur*,
mais les formes totales exactement les mêmes.
Toutes les parties, tant inférieures que supérieures, toute la tête et le cou d'une seule
nuance brune enfumée, ou couleur de suie;

les seules plumes du dos lisérées de noir ; les
ailes et la queue d'un noir grisâtre, mais les
couvertures des ailes lisérées de couleur de
suie ; douze pennes à la queue ; iris bleu, bec
noir, pieds gris. Longueur, huit pouces. Les
deux sexes.

Le *jeune de l'année* a les parties supérieures
d'un brun sombre, mais chaque plume entou-
rée par une large bordure noire ; gorge blanchâtre à bordures de plumes brunes ; le reste
des parties inférieures d'un gris noirâtre,
mais chaque plume terminée par un croissant
blanc ; les pennes des ailes et de la queue très-
finement lisérées de blanc et de petits points
de cette couleur sur les couvertures alaires ;
pieds d'un gris très-clair.

Cette espèce se trouve indiquée dans le premier volume du Manuel. J'y rapporte, avec
un léger doute, *Cinclus Pallasii* des monts
Himalaya, table 24, *Century of Birds*.

Habite la Crimée, et peut-être quelques autres parties de la Russie européenne. Assez commun au Japon,
où on lui donne le nom de *Kawagaras*.

Nourriture et *propagation* inconnues.

,,,,,,,,,,,,,,,,,,,,,,,,,,,

GENRE DIX-NEUVIÈME.

BEC-FIN. — *SYLVIA.*

Caractères. Voyez *Manuel*, vol. 1, page 178.

Voyez ce que j'ai dit relativement à la classification du professeur Savi, à l'article du
genre *Turdus.*

Remarque. Dans ce genre, comme à peu près partout, M. Vieillot s'est plu à changer les noms que
j'avais proposés. M. Roux, qui a suivi le système de cet
auteur, a dû nécessairement suivre son exemple ;
mais la synonymie qu'il donne fait reconnaître l'identité.

PREMIÈRE SECTION.

RIVERAINS *.

BEC-FIN ROUSSEROLLE. — *S. TURDOIDES.*

Ajoutez :

Atlas du Manuel, pl. lithog. — Grive rousserolle
(*Turdus arundinaceus*). Vieill. *Faun. franç. p.* 160.

---

* M. Boié en fait un genre sous le nom *Calamoherpe*, et
M. Selby sous celui de *Salicaria*. Il sera difficile d'y admettre
les espèces étrangères dont on ne connaît pas les mœurs ; car

pl. 69. *fig.* 1. — Merle rousserolle. Roux. *Ornit. prov.*
v. 1. *p.* 264. *tab.* 165. —Drosselartiger, see und teichschilfsänger. Brehm. *Vög. Deut. p.* 441. — Cannareo-
cione. Savi. *Ornit. Tosc. v.* 1. *p.* 284. — Great sedged
warbler. Gould. *Birds of Europ. part.* 6.

Habite jusqu'au Japon, où elle est exactement la
même qu'en Hollande : son nom japonais est *Giosicosi.*
Vit aussi en Dalmatie et aux environs de Tripoli, d'où
j'ai reçu des individus. L'espèce se trouve aussi à
Bornéo.

BEC-FIN RUBIGINEUX. — *S. GALACTODES.*

Remarque. Voyez cette espèce parmi les *Sylvains,*
après le *Bec-fin rayé.*

---

notre division est plutôt basée sur les habitudes de ces espèces
bien connues, que sur des caractères visibles à l'extérieur.
Nous avions classé une ou deux espèces avec les *Sylvains :*
maintenant que le genre de vie de ces oiseaux est mieux étudié, nous les plaçons avec les *Riverains.* La place que doivent
occuper quelques autres, tels que la *Sylvia sericea,* la *Sylvia
hyppolais* et la *Sylvia icterina,* sera toujours très-difficile à
déterminer, puisque ces espèces vivent indistinctement dans
les marais ou en plaine, selon les localités. Les *Sylvia sarda*
et *passerina* ont aussi été trouvées dans le voisinage des eaux.

BEC-FIN RIVERAIN. — *S. FLUVIATILIS.*

La gorge de la *femelle* est moins distinctement grivelée que dans le *mâle.*

En *automne* toutes les parties supérieures
offrent des teintes plus cendrées, par l'existence
des bordures de cette couleur à toutes les plumes : ces bordures ont totalement disparu au
printemps.

Habite en Autriche et en Hongrie le long des bords
du Danube, mais est très-rare ailleurs. Se cache dans
les joncs, et est défiant. On le trouve aussi en
Égypte.

Nourriture. Petites mouches et autres insectes d'eau.

Propagation. Niche dans les roseaux et les buissons;
pond quatre ou cinq œufs d'un gris rougeâtre, tachetés d'olivâtre.

Ajoutez aux synonymes :

Savigni. *Ornit. d'Égypte. tab. col.* — FLUSSSCHILF-
SÄNGER. Brehm. *Vög. Deut. p.* 438. — La *planche de
l'Atlas du Manuel* n'est pas faite sur un individu de
cette espèce. — Naum. *tab.* 83. *fig.* 1.

BEC-FIN LOCUSTELLE. — *S. LOCUSTELLA.*

En *automne* toutes les parties inférieures sont nuancées d'une teinte jaunâtre. Les *jeunes de l'année* ont les petites stries du dessous du corps à peine visibles, ou en manquent totalement.

Ajoutèz aux synonymes :

Atlas du Manuel, *pl. lithog. un jeune de l'année.* — Naum. *Naturg. Neue Ausg. tab.* 2 *et* 3. *jeune et vieux.* — Vieill. *Faun. franç. p.* 226. *pl.* 101. *fig.* 3. — Roux. *Ornit. provenç. v.* 1. *p.* 351. *tab.* 229. — Heuschrecken schilfsänger. Brehm. *Vög. Deut. p.* 439. — Forapaglie macchiottato. Savi. *Ornit. Tosc. v.* 1. *p.* 278.

Vit dans les buissons d'aubépine le long des bords des eaux. Assez commune en Allemagne : très-rare en Provence.

Propagation. Niche dans les fourrés épais d'aubépine ; pond quatre ou cinq œufs d'un gris verdâtre, marqués de taches olivâtres et noirâtres, qui forment une zone vers le gros bout.

Remarque. M. Brehm fait mention d'une seconde espèce très-voisine de la *Locustelle,* mais qui s'en distingue par un bec long, subulé et peu courbé. Je n'ai pas vu cet oiseau, dont la description est empruntée à l'ouvrage de M. Brehm. Je le place ici avec signe de doute. Pour l'admettre, il faudrait voir en nature les sujets que M. Brehm décrit.

Dünnschnäbliger Schilfsänger. (Brehm.)

Ce *Calamoherpe tenuirostris* diffère de notre *Locustelle*, 1° par les taches moins foncées des parties supérieures; 2° les parties inférieures du corps sont plus lavées de cendré, et la gorge légèrement tachetée de cette teinte; 3° le bec est plus élevé que chez la *Locustelle*, plus long, très-grêle, et légèrement fléchi ou très-peu arqué, et ressemble un peu au bec du *Grimpereau*. Longueur, cinq pouces huit lignes à six pouces.

M. Brehm dit qu'il vit dans le nord et le nord-est de l'Allemagne, et passe rarement en Saxe. Un mâle fut tué en septembre 1826, sur la Saale, près de Kahla.

Remarque. Si j'avais vu cet oiseau, j'aurais pu m'assurer s'il doit être rapporté à l'espèce suivante.

BEC-FIN TRAPU. — *S. CERTHIOLA.*

Il n'y a rien à ajouter à l'histoire de cet oiseau très-rare, qui vit en Crimée.

PARTIE IIIᵉ.   8

Turdus certhiola. Pall. *Faun. rossica.* — Meyer. *Ornit.
Taschenb. v.* 3. *p.* 83. — *Atlas du Manuel, pl. lithog.
le vieux mâle.*

BEC-FIN AQUATIQUE. — *S. AQUATICA.*

Placez en tête de cette espèce, comme moyen
sûr de la distinguer de la suivante :

*Une bande médiane sur le sommet de la tête ;
de petites stries noires sur les flancs ; les pennes
de la queue terminées en pointe.*

La *livrée d'automne* est toujours plus ou
moins nuancée de jaune roussâtre ; des stries
noires très-marquées sont disposées sur la
poitrine et sur les flancs.

Ajoutez aux synonymes :

Atlas du Manuel, pl. lithog. l'adulte. — Naum. *Naturg. Neue Ausg. tab.* 82. *fig.* 2, 3, 4 et 5. — Fauvette
de marais. (*S. paludicola.*) Vieill. *Faun. franç. p.* 225.
pl. 101. *fig.* 2. — Roux. *Ornit. provenç. v.* 1. *p.* 354.
tab. 231. — Ried, morast, wasser und gestreifter schilfsänger. Brehm. *Vög. Deut. p.* 450 à 452. — Paglia-
rolo. Savi. *Ornit. Tosc. v.* 1. *p.* 277.

Propagation. Construit avec art son nid dans les tiges
des plantes aquatiques ; pond quatre ou cinq œufs

d'un gris cendré jaunâtre, marqués de très-fines taches d'un gris olivâtre.

BEC–FIN PHRAGMITE. — *S. PHRAGMITIS.*

Placez en tête de cette espèce :

Sommet de la tête sans bande médiane ; point de stries sur les flancs ; le bout des pennes de la queue arrondi.

Ajoutez aux synonymes :

Atlas du Manuel, pl. lithog. —Naum. *Naturg. tab.* 52. *fig.* 1. — La FAUVETTE DES JONCS. (*S. schoenobœnus.*) Vieill. *Faun. franç. p.* 224. *pl.* 101. *fig.* 3. —Roux. *Ornit. provenç. v.* 1. *p.* 352. *tab.* 250. *le jeune.* — WIESEN, UFER und NORDISCHER SCHILFSÄNGER. Brehm. *Vög. Deut. p.* 480. — TORAPAGLIE. Savi. *Ornit. Tosc. p.* 275.

Habite. M. Cantraine a trouvé ce Bec-fin, en mars et avril, sur les bords du lac Castiglione.

BEC–FIN DE ROSEAUX, etc.—*S. ARUNDINACEA.*

Ajoutez :

Atlas du Manuel, pl. lithog. — Naum. *Neue Ausg. tab.* 81. *fig.* 2. — La FAUVETTE EFARVATTE. (*S. strepera.*) Vieill. *Faun. franç. p.* 219. *pl.* 99. *fig.* 1.—Roux. *Ornit. provenç. v.* 1. *p.* 347. *tab.* 227. — ERLEN, STRAUCH und

ROHRSCHILFSÄNGER. Brehm. *Vög. Deut* p. 443. — BEC-
CAFICO DI PADULE. Savi. *Ornit. Tosc. v.* 1. *p.* 285.

M. Savi s'abuse étrangement en voulant
persister à confondre cette espèce avec la suivante.

BEC-FIN VERDEROLLE. — *S. PALUSTRIS.*

Ajoutez à la diagnose en caractères ita-
liques :

*Intérieur du bec d'une teinte orange , assez
vive chez l'adulte* *.

Ajoutez aux synonymes :

Atlas du Manuel, pl. lithog. — La FAUVETTE VERDE-
ROLLE. Roux. *Ornit. provenç. v.* 1. *p.* 348. *tab.* 217 *bis.*
— WIESEN , SUMPF und SCHÖNSINGENDER SCHILFSÄNGER.
Brehm. *Vög. Deut. p.* 444. — SUMPFSÄNGER. Meyer.
Ornit. Taschenb. vol. 3. *p.* 81. — Naum. *Neue Ausg.*
tab. 81. *fig.* 3.

Habite. Cet oiseau est moins commun en Hollande
que l'espèce précédente ; mais il niche habituellement

---

* La *S. arundinacea* a l'intérieur de la bouche jaunâtre.
Ce caractère, ceux du bec élargi dans la *Verderolle*, et la
couleur plus verdâtre de sa livrée, serviront de nouveau
moyen pour la distinction exacte de ces deux espèces.

dans le pays : le nid se trouve aussi dans les roseaux *.
On peut distinguer cette espèce de la précédente par le
chant ; son ramage est singulièrement varié ; il imite,
à s'y méprendre, le chant d'autres oiseaux, particulièrement celui du *S. hippolais*, mais aussi celui du
Charadrius minor, même le cri perçant du *Haemetopus
ostralegus*. Mon ami H. Boié, mort dans l'Inde, m'a,
le premier, rendu attentif au chant varié de ce petit
Bec-fin riverain.

Remarque. On trouve dans l'ouvrage de M. Brehm
(*Vög. Deut. page* 447), les indications de deux Bec-
fins (les Schilfsänger de cet auteur), que je ne puis
me permettre de rapporter aux espèces qui me sont
connues, l'une sous le nom de *Teichschilfsänger* (Calamoherpe piscinarum), l'autre sous celui de *Brehms
Schilfsänger* (Calamoherpe Brehmii).

Le *premier* a le bec un peu arqué, peu étendu ; le coronal un peu déprimé ; le dessus du
corps gris-huileux. Un rare et petit oiseau de
huit pouces une ou deux lignes d'envergure ;
il ressemble au *S. arundinacea* par la forme
courbée du bec et par les couleurs ; au *S. palustris*, par le peu de longueur du bec ; et par
la forme du crâne, au *C. alnorum* ** ; mais

---

* J'ai dit dans le premier volume : *Jamais dans les roseaux* ; ce qui n'est pas exact.
** Ce *Calamoherpe alnorum* de M. Brehm n'est tout bon-
nement qu'une *S. arundinacea*.

pour la taille, de beaucoup moindre que les
espèces indiquées. Je n'en vis et tuai que deux
individus, l'un en septembre 1828, l'autre en
août 1826 : ce dernier en livrée du jeune âge.
(Traduction littérale du texte de M. Brehm.)

Le *second*, de la taille et de la même couleur que le *S. arundinacea*, mais la queue
traversée par une *bande rousse jaunâtre*. Il a
la taille, les formes et les couleurs du *S. arundinacea*, mais se distingue, du premier coup
d'œil, par la bande jaune roussâtre dont toutes les pennes de la queue sont cerclées. J'en
tuai un individu en automne, et M. Müller,
de Brunn, en prit un autre en juin 1826.
(Traduction littérale.)

Remarque. Je ne saurais émettre aucune opinion sur
le numéro 1 ; mais le numéro 2 me paraît être une
variété accidentelle du *S. arundinacea*, absolument
comme le *Merle à queue cerclée* de M. Roux, que ce
naturaliste judicieux n'a pas hésité de rapporter à l'espèce du *Turdus torquatus*. (*Voyez* cet article.)

BEC-FIN BOUSCARLE ou CETTI. — *S. CETTI*.

Ajoutez aux synonymes :

Atlas du Manuel, *pl. lithog*. — La FAUVETTE CETTI et
la BOUSCARLE. Vieill. *Faun. franç.* p. 208. *pl.* 94. *fig.* 3.

—Roux. *Ornit. provenç. v.* 1. *p.* 326. *tab.* 212. M. **Roux**
est d'avis qu'on ne devrait pas donner à cette espèce
le nom de *Bouscarle*, vu que cette dénomination convient et est donnée en Provence au *Bec-fin babillard*.
On pourrait conséquemment lui appliquer le second
des noms placés en tête de cet article. — ROSSIGNOLO DI
PADULE. Savi. *Ornit. Tosc. v.* 1. *p.* 273. — CETTISCHER
SÄNGER. Meyer.

M. Cantraine a trouvé ce Bec-fin dans les
marais d'Ostia, sur les bords du lac Castiglione, sur ceux du Teverone, près de Rome
et en Sicile. M. Savi dit qu'il est commun en
Toscane, où il niche.

Propagation. Niche dans les gros buissons, à peu de
distance de terre : le nid est composé de tiges d'herbes
à moitié décomposées. Pond des œufs d'un rouge-
brun, sans taches.

BEC-FIN DES SAULES.

SYLVIA LUSCINOIDES. (Savi.)

Sommet de la tête, occiput, dos, scapulaires, ailes et queue d'un châtain olivâtre,
sans aucune tache ; on remarque seulement
des ondes très-déliées et faibles disposées en
bandelettes transversales sur les plumes du
croupion et des couvertures de la queue. Les

plumes des joues et des oreilles sont d'un
blanc sale le long de leur tige ; les parties
latérales du cou, les parties supérieures de la
poitrine et les plumes des flancs sont lavées
de roussâtre ; les côtés du cou et la poitrine
portent des traits bruns, lancéolés, très-
variables ; la queue est ample, à pennes éta-
gées, d'un brun-roux ; c'est aussi la teinte
des pennes des ailes. Les plumes des parties
inférieures sont lustrées. Le bec est noir,
mais couleur de chair à la base ; iris jaunâtre ; pieds d'un brun clair. Longueur,
quatre pouces sept lignes. Le *mâle* et la *femelle.*

Le seul individu que j'ai vu ne diffère pas
de la description fournie par M. Roux.

SYLVIA LUSCINOIDES. Savi. *Ornit. Tosc. v.* 1. *p.* 270. —
Description d'Egypte, pl. 13, *fig.* 3. — La FAUVETTE DES
SAULES. Roux. *Ornit. provenç. v.* 1. *p.* 325. *tab.* 211 *bis.*

Habite. M. Savi dit que cette espèce arrive en Toscane vers le milieu d'avril ; alors elle se tient cachée
dans les buissons des marais parmi les saules et les
tamaris : elle se laisse approcher facilement, voltige
sur les branches basses, et se promène à terre ou parmi
les joncs.

Nourriture. Vermisseaux et moucherons.

Propagation. Inconnue.

BEC–FIN A MOUSTACHES NOIRES.

SYLVIA MELANOPOGON. (M<small>IHI</small>.)

Bec très-grêle ; bords fléchis en dedans ; de larges sourcils blancs ; le lorum, et une petite tache derrière les yeux, noirs.

Front, sommet de la tête et occiput d'un noir enfumé ; une moustache noire couvre le lorum ; la bande blanche au-dessous des yeux est très-large, et s'étend assez loin au-delà du bord postérieur de cet organe ; la nuque, le dos, le croupion et les couvertures des ailes d'un brun légèrement roussâtre * ; toutes les plumes du milieu du dos sont marquées, le long de la baguette, d'une large raie noire ; toutes les couvertures des ailes portent une teinte noire, et sont bordées de brun ; la queue est brune en dessus et cendrée en dessous ; la gorge, une partie du devant du cou et toute la partie médiane du ventre ** sont d'un blanc

---

* Cette teinte est trop *rousse* dans notre planche coloriée, 245, figure 2. Ce défaut règne aussi aux parties inférieures.
** Ceci est encore mal indiqué dans notre planche citée.

pur; les couvertures inférieures de la queue
d'un blanc sale; les flancs, les côtés de la
poitrine, et une faible zone sur le milieu de
celle-ci, sont couleur de feuille morte; la
base de la mandibule inférieure est jaunâtre,
le reste brun, et la pointe des deux mandibules noire; les pieds sont bruns; l'iris est
jaune. Longueur, quatre pouces cinq ou six
lignes *. Le *mâle* et la *femelle*.

Les *jeunes de l'année* ont le plumage supérieur d'une teinte brune, légèrement olivâtre;
la zone sur la poitrine faiblement tracée par
une nuance brune; les flancs couleur de pe-
lure d'ognon; les bordures aux plumes noires
du sommet de la tête sont plus larges et plus
brunes.

Sylvia melanopogon. Temm. *pl. color* 245. *fig.* 2. *le
mâle adulte.* — Fauvette a moustaches noires. Roux.
Ornit. provenç. vol. i. *p.* 357. *tab.* 233. — Torapaglie
castagnolo. Savi. *Ornit. Tosc. v.* i. *p.* 279. — M. Savi
croit reconnaître cet oiseau dans la *planche* 380. *Stor.
degli uccelli.*

---

* Dans le texte des planches coloriées il est dit six pouces;
c'est une erreur. M. Roux lui prête cinq pouces six lignes
dans son texte; mais les dimensions de la figure sont exactes.

Habite. Très-commun dans les marais des États de Raguse, dans ceux des environs de Rome, en Toscane, et probablement aussi en Provence.

Remarque. Voici ce que m'apprend M. Cantraine sur les mœurs de cette espèce peu connue. Elle est commune dans les marais, sur l'*Arundo speciosa.* Je l'ai trouvée en novembre près Rumbla, dans le cercle de Raguse ; à Ostia et près du lac Castiglione, où elle est très-commune ; elle est toujours dans les marais et les buissons qui les bordent ; se cramponne aux joncs en faisant entendre un cri très-fort ; descend vers la surface des eaux et se promène sur les plantes aquatiques : on la voit aussi perchée sur les roseaux. Ceux que M. Cantraine tua, en décembre, en Dalmatie, et en novembre, dans les États romains, sont tous mâles. Cette espèce n'est pas farouche.

Nourriture. Petits coléoptères.

Propagation. Inconnue.

BEC-FIN CISTICOLE. — *S. CISTICOLA.*

Remarque. Cette espèce se trouve placée, volume premier, page 228 du Manuel, dans la section des *Muscivores :* c'est aux *Riverains* qu'il faut la rapporter.

Ajoutez aux synonymes :

Atlas du Manuel, pl. lithog. — La FAUVETTE CISTICOLE. Vieill. *Faun. franç.* p. 227. *pl.* 102. *fig.* 1. — Roux.

Ornit. provenç. v. 1. *p.* 355. *tab.* 232. — BECCAMOSCHE. Savi. *Ornit. Tosc. v.* 1. *p.* 280. — CISTEN SÄNGER. Meyer. *Ornit. Taschenb. v.* 3. *p.* 83.

Habite toutes les contrées méridionales, depuis le Portugal jusqu'en Dalmatie. Commune dans les marais de Rome, en Sardaigne et en Sicile.

Voici ce qu'en marque M. Cantraine dans son journal :

Habite en Toscane, dans les environs de Livourne; à Ostia; en plus grand nombre dans les environs du lac de Castiglione. Je crois qu'elle n'émigre pas. Je la trouvai en quantité près de Catane, dans le mois de décembre. Elle vit dans les marais couverts de joncs, et dans les grains quand ils sont encore jeunes. Son vol est élevé et par ricochet : elle a le cri très-perçant.

Propagation. M. Savi dit qu'elle fait trois couvées par an. Le nid des deux premières couvées, vu la rareté des matériaux, est moins solide et moins élégant que celui de la troisième; c'est au milieu des épaisses touffes d'herbes du genre *carea,* hautes d'un pied, qu'elle le place; sa forme est celle d'une bourse pendante, dont l'ouverture est placée vers le haut; les feuilles sont comme cousues avec des duvets de plantes; la paroi interne est composée de laine et de toiles d'araignées. Sa ponte est de quatre à six œufs, de couleur blanche, quelquefois changeante en rose ou en bleu très-clair.

Remarque. Nous avons reçu du Japon plusieurs individus qui diffèrent de notre *Cisticole* d'Europe, seulement et uniquement par les plumes du sommet de la
tête, qui sont d'un brun de tan, unicolore dans les sujets
du Japon; tandis que ceux d'Europe ont des mèches ou
des raies longitudinales plus foncées sur cette partie.

DEUXIÈME SECTION.

SYLVAINS *.

BEC-FIN ROSSIGNOL. — *S. LUSCINIA.*

Ajoutez aux synonymes :

Vieill. *Faun. franç. p. 202. pl.* 92. *fig.* 2 *et* 3. — Roux.
Ornit. provenç. v. 1. *p.* 322. *tab.* 211. — GROSSCHNÄBLIGE,
MITTLERE, OKENS und FREMDE NACHTIGALL. Brehm. *Vög.*
Deut. p. 356. — RUSSIGNOLO. Savi. *Ornit. Tosc. v.* 1.
p. 240. — *Atlas du Manuel, pl. lithog.* — Naum. *Naturg.*
tab. 74. *fig.* 1.

---

* Ils sont divisés, dans les Œuvres de Brehm, en plusieurs
coupes, tels que *Cyanecula, Luscinia, Rubecula, Ruticilla;*
puis quelques genres des Omnivores, et alors *Curucca phyl-*
lopneustes et *hippolais.* Ces coupes sont encore sous-divisées
et sectionnées; de manière qu'il est difficile de trouver
l'espèce.

BEC-FIN PHILOMÈLE. — *S. PHILOMELA.*

Ajoutez :

Atlas du Manuel, pl. lithog.—Naum. *Naturg. tab.* 74. *fig.* 2. — DIE GROSSE und DIE KLEINE SPROSSER-NACHTIGALL. Brehm. *Vög. Deut. p.* 355. — Meisner et Schinz. *Vög. der Schweiz. p.* 107. — RUSSIGNOLO FORESTIERO. Savi. *Ornit. Tosc. v.* 1. *p.* 242.

Se trouve aussi en Suisse et en Dalmatie : on le dit commun en Espagne.

BEC-FIN SOYEUX. — *S. SERICEA.*

Ajoutez aux synonymes :

Atlas du Manuel, planche lithographiée.

Remarque. Effacez, de la page 197 à la quatrième ligne de la remarque, le mot *Espagne*, et mettez *Italie :* car, quoique l'espèce ait été rapportée d'Espagne, ce n'est pas de ces contrées que proviennent les sujets tués sur la Brenta par M. Natterer. Au reste, la citation de cette rivière aurait suffi pour désigner l'origine. J'ai vu des sujets tués en Égypte.

C'est, je crois, à tort que M. Meyer place cette espèce parmi les *Bec-fins riverains*. Elle vit, il est vrai, dans le voisinage des eaux, mais a, dit-on, les mœurs du Rossignol.

BEC-FIN ORPHÉE. — *S. ORPHEA.*

Ajoutez aux synonymes :

Atlas du Manuel, pl. lithog. vieux mâle au printemps.
— Naum. *Naturg. Neue Ausg. tab.* 76. *fig.* 3. *le mâle,*
et fig. 4, *la femelle.* — La FAUVETTE GRISE. (*S. grisea.*)
Vieill. *Faun. franç. p.* 209. *pl.* 95. *fig.* 1 *et* 2. — Roux.
Ornit. provenç. v. 1. *p.* 328. *tab.* 213. — BIGGIA GROSSA.
Savi. *Ornit. Tosc. v.* 1. *p.* 250. — MEISTERSÄNGER. Meyer.
Taschenb. v. 3. *p.* 86.

C'est le plus grand des *Bec-fins* de France.
Buffon a voulu sans doute le désigner, quoique
ayant sous les yeux un *Bec-fin fauvette* (S.
hortensis). C'est probablement la *Colombaude*
de cet auteur, puisque c'est sous le nom de
Colombaoudo qu'elle est connue en Provence,
où elle n'est pas rare aux époques de son
passage, au printemps et en automne. M. Roux
la tua plusieurs fois à ces deux époques de
l'année.

Habite, pendant la belle saison, dans les montagnes
de moyenne élévation, et se tient dans le voisinage des
forêts de pins: Commun en Savoie, près de Trieste, et
en Dalmatie.

Niche parmi les tas de pierres, contre les vieux murs,
au milieu des décombres et des buissons.

BEC-FIN RAYÉ. — *S. NISORIA.*

Les *jeunes*, dans leur première livrée, n'ont point de bandes ; tout le plumage est d'un gris uniforme sans aucun autre dessin ; ce n'est qu'à la première mue que cette livrée est bigarrée de bandelettes transversales.

La description que je donne du *jeune* dans le Manuel est celle du *jeune*, parvenu à l'état *semi-adulte*.

Ajoutez :

Atlas du Manuel, pl. lithog. le jeune. — FAUVETTE ÉPERVIÈRE. Vieill. *Faun. franç.* p. 223. pl. 100. *fig.* 2. — Roux. *Ornit. provenç.* v. 1. p. 341. *tab.* 222. jeune mâle d'un an. — CELEGA PADOVANA. Savi. *Ornit. Tosc.* v. 1. p. 255. — SPERBER, GEWELLTE und KLEINE GRASS-MÜCKE. Brehm. *Vög. Deut.* p. 413. — Naum. *tab.* 76. *fig.* 1 et 2.

Habite accidentellement en Provence ; de passage en Piémont et en Toscane ; moins rare dans le Levant ; commun aux environs de Vienne ; se tient le long des petits ruisseaux entourés de vignes. Vit aussi sur les côtes de Barbarie, et probablement sur tout le littoral de la Méditerranée.

Niche dans les broussailles, et construit son nid comme les autres espèces du genre.

BEC-FIN RUBIGINEUX. — *S. RUBIGINOSA.*

Cette espèce, classée (*Manuel*, volume premier, page 182) parmi les *Riverains*, doit prendre rang parmi les *Sylvains*. J'ai changé le nom latin *Galactodes* en celui de *Rubiginosa.*

Ajoutez aux synonymes :

TURDUS RUBIGINOSUS. Meyer. *Ornit. Taschenb. v.* 3. *p.* 66. — *Atlas du Manuel, pl. lithog. vieux mâle.* — Temm. et Laug. *planches coloriées d'oiseaux,* 251, *fig.* 1. — RUFOUS SEDGE WARBLER. Gould. *Birds of Europ.* part. 8.

Habite. Très-commune en Andalousie, dans les vallées montueuses : niche dans les buissons d'Oléander et dans les fentes des rochers. Pas très-rare en Égypte.

BEC-FIN DE RUPPEL.

SYLVIA RUPELLII. (MIHI.)

Sommet de la tête, gorge et devant du cou d'un noir parfait; joues d'un cendré très-foncé; une bande blanche part de la commissure des mandibules, passe sur les côtés du cou et encadre le noir de la gorge; la nuque, le manteau et le dos sont d'un gris foncé;

l'aile est brune noirâtre; mais les plus grandes des couvertures sont lisérées de gris blanchâtre; les huit pennes du milieu de la queue sont noires, l'extérieur est blanc, avec une petite tache noire à la base, et la seconde de chaque côté est noire, avec une grande tache blanche longitudinale à son extrémité; les parties inférieures sont blanches, avec une très-légère teinte rose sur le ventre; mais les flancs ont une teinte cendrée. Le bec est noir, marqué de blanc à la base de la mandibule inférieure; pieds bruns. Longueur, de quatre pouces huit lignes à cinq pouces. Le *vieux mâle au printemps.*

J'ai vu des *mâles* à bordures blanchâtres plus ou moins larges aux plumes noires de la tête et du devant du cou, et à ventre d'un blanc pur sans teinte rose : apparemment des jeunes, ou l'adulte au passage.

Voyez *les mâles* en plumage parfait. — Bec-fin de Ruppel. Temm. et Laug. *planches coloriées d'oiseaux.* tab. 245. *fig.* 1. — Ruppels sänger. Cretschm. *Atlas du Voyage de Rupp. p.* 29. *tab.* 19. *fig.* A *et* B. *deux sujets mâles.* La femelle n'avait pas été figurée ni décrite.

La *femelle adulte* diffère du *mâle*, dans le

même état, par le manque de noir à la tête, à la gorge et sur le devant du cou ; ces parties sont d'un cendré foncé , les parties inférieures sont blanches.

Habite les bords de la mer Rouge et ses îlots, dans les localités boisées. Se trouve rarement le long du Nil. Vit aussi, soit de passage régulier , ou seulement accidentel, dans les îles de l'Archipel.

Nourriture et *propagation*. Inconnues.

BEC-FIN A TÊTE NOIRE. — *S. ATRICAPILLA.*

Les *jeunes* ressemblent à la femelle ; la couleur rousse du sommet de la tête est seulement moins décidée.

Ajoutez :

Vieill. *Faun. franç.* p. 207. *pl.* 94. *fig.* 1 *et* 2. — Roux. *Ornit. provenç. v.* 1. p. 331. *tab.* 215. — Capinera. Savi. *Ornit. Tosc. v.* 1. *p.* 247. — Fichten , garten und nordische grasmücke. Brehm. *Vög. Deut. p.* 417. — The black-cap. Gould. *Birds of Europ. part.* 3. *mâle et femelle.* — *Atlas du Manuel,* pl. lithog. le mâle. — Naum. *tab.* 77. *fig.* 1 *et* 2.

Habite jusqu'au Japon, où elle est absolument la même qu'en Europe. J'ai reçu des individus, à tous égards semblables, du midi de l'Afrique, du Cap de Bonne-Espérance et du Sénégal. Une femelle m'a été adressée par nos voyageurs à Java. Quelles que soient les grandes distances des lieux où ces sujets ont été capturés, il est impossible de trouver une différence notable dans les formes ou dans les couleurs du plumage. Elle passe l'hiver aux environs de Messine.

BEC-FIN MÉLANOCÉPHALE. — *S. MELANO-CEPHALA.*

Ajoutez aux synonymes :

Atlas du Manuel, pl. lithog. mâle. — La Fauvette des fragons (*S. rusticola*). Vieill. *Faun. franç.* p. 203. *pl.* 86. *fig.* 1 et 2. — Rou. *Ornit. provenç. v.* 1. p. 329. *tab.* 214. — Occhiocotto. Savi. *Ornit. Tosc. v.* 1. p. 267. — Schwarzköpfiger sänger. Meyer. *Ornit. Taschenb. v.* 3. p. 90. — Sardinian warbler. Gould. *Birds of Europ.* part. 1. Il paraît que ce sont deux mâles. •

Habite les vallons des côtes maritimes de Provence et dans le voisinage des ruisseaux, sur les buissons ou dans les roseaux. Très-commun dans les États romains, à Castello, à Palo et Civita-Vecchia, où elle niche; en Toscane, Sicile, Sardaigne et Dalmatie : on la trouve aussi en Espagne.

Niche sur les branches basses des arbrisseaux ; pond

en Provence des œufs blancs avec des points striés,
qui sont disposés en couronne vers le gros bout.

BEC-FIN SARDE. — *S. SARDA.*

Ajoutez :

*Atlas du Manuel, pl. lithog. — De nos planches colo-
riées, pl.* 24. *fig.* 2. *le mâle adulte.* — Marm. *dans les
Annales de Turin.* — Sardinischer sänger. Meyer. *Ornit.
Taschenb. v.* 3. *p.* 91. — Occhiocotto sardo. Savi. *Ornit.
Tosc. v.* 1. *p.* 266.

BEC-FIN FAUVETTE. — *S. HORTENSIS.*

Ajoutez :

Atlas du Manuel, pl. lithog. — Naum. *tab.* 78. *fig.* 3.
— La Fauvette œdonie ou bretonne (*S. ocdonia*). Vieill.
Faun. franç. p. 221. *pl.* 99. *fig.* 3. — Roux. *Ornit. prov.
v.* 1. *p.* 339. *tab.* 221. — Bigonia. Savi. *Ornit. Tosc.
v.* 1. *p.* 248. — Graue, kurzschnäblige und langschnä-
blige grasmücke. Brehm. *Vög. Deut. p.* 415.

BEC-FIN GRISETTE. — *S. CINEREA.*

Ajoutez :

Atlas du Manuel, pl. lithog. — Naum. *tab.* 78. *fig.* 1
et 2. — Vieill. *Faun. frqnç. p.* 220. *pl.* 99. *fig.* 2. —
Roux. *Ornit. provenç. v.* 1. *p.* 338. *tab.* 220. — Fahle,

GRAULICHE , ROSTGRAUE und GRAUKÖPFIGE HECKENGRAS
MÜCKE. **Brehm.** *Vög. Deut. p.* 419.—STERPAZZOLA. Savi.
Ornit. Tosc. v. 1. *p.* 252. — COMMON WHITE - THROAT.
Gould. *Birds of Europ. part.* 5.

BEC–FIN BABILLARD. — *S. CURRUCA.*

Ajoutez :

Atlas du Manuel, pl. lithog. — Naum. *tab.* 77. *fig.* 3.
— FAUVETTE BABILLARDE (*S. garrula* et *curruca*). Vieill.
Faun. franç. p. 205. *pl.* 93. *fig.* 1 et 2. — Roux. *Ornit.
provenç. v.* 1. *p.* 332. *tab.* 216. — FICHTEN , DORN und
KLEINSCHNÄBLIGE KLAPPERGRASMÜCKE. Brehm. *Vög. Deut.
p.* 421.—BIGIARELLA. Savi. *Ornit. Tosc. v.* 1. *p.* 253.
— LESSER WHITE-THROAT. Gould. *Birds of Europ. part.* 5.

Propagation. **Fait un nid au milieu des buissons les
plus touffus. Ses œufs sont, selon M. Roux, blanc
glacé, d'un gris très-clair, pointillés d'olivâtre et de
noir sur le milieu , avec des taches de la première
couleur, nombreuses et irrégulières vers le gros bout.**

BEC–FIN A LUNETTES. — *S. CONSPICILLATA.*

*Les grandes couvertures des ailes à larges
bordures d'un roux vif; les couvertures inférieures roussâtres.*

Le *mâle en automne* diffère du *mâle au prin-*

temps, en ce que le cendré du sommet de la tête n'est pas si pur ; nuque et manteau gris, à bordures de plumes roussâtre très-clair ; gorge blanche ; devant du cou cendré bleuâtre ; poitrine d'une teinte vineuse, plus ou moins nuancée de cendré clair ; milieu du ventre blanchâtre ; la troisième penne de la queue sans tache blanche : une nudité ophthalmique dans tous les âges.

La *femelle adulte* n'a pas de nudité ophthal-mique ; lorum blanchâtre ; une très-petite tache grise en avant de la paupière ; front roussâtre ; toutes les autres parties supérieures d'un roux cendré très-clair, plus ou moins nuancé de gris, la base des plumes étant de cette couleur ; ailes noirâtres ; les couvertures frangées de larges bordures d'un roux vif ; gorge blanche ; bas du cou, poitrine et flancs d'une belle teinte isabelle très-clair ; milieu du ventre blanc.

Remarque. La livrée de la femelle n'a pas encore été décrite. *Je soupçonne* que M. Roux a fait servir un jeune ou une femelle semi-adulte, à la figure qu'il donne sous le nom de *Passerinette*, *Atlas*, *tab.* 217. (Voyez aussi à l'article suivant, sous le nom de *S. Passerina* femelle.)

Les *jeunes mâles de l'année* ont toutes les parties supérieures de la tête et du corps nuancées de cendré roussâtre, cette couleur occupant alors le bout de toutes les plumes ; le lorum et la région ophthalmique d'un noir cendré légèrement teint de roussâtre ; le milieu du ventre isabelle clair ; le devant du cou légèrement cendré ; les deux pennes du milieu de la queue d'un gris-brun ; point de tache blanche à la troisième, et une très-petite à la deuxième.

Les *jeunes de l'une ou de l'autre année* sont d'un roux légèrement cendré aux parties supérieures ; le lorum cendré ; la gorge blanche ; le devant du cou légèrement cendré ; la poitrine et les flancs d'un roux vineux ; milieu du ventre isabelle clair ; abdomen et cuisses roussâtres ; les bordures des couvertures des ailes toujours d'un roux vif, et les couvertures inférieures roussâtres.

BEC-FIN A LUNETTES *de nos planches coloriées*, 6. *fig.* 1. *le vieux mâle au printemps.* — *Atlas du Manuel, pl. lithog. le vieux mâle.* — *Annales de l'Académie de Turin, année* 1819. — STERPAZZOLA DI SARDEGNA. — Savi. *Ornit. Tosc. v.* 1. *p.* 263. — BRILLEN SÄNGER. Meyer. *Ornit. Taschenb. v.* 3. *p.* 88.

M. Cantraine me marque ce qui suit :

Se trouve dans les États romains. Je ne la
trouvai sur le continent que dans les environs
de Civita-Vecchia, près des bains de Trajan
et dans les plaines incultes au pied des collines; elle y fait son nid, et fréquente les
endroits couverts de petits buissons peu touffus, au sommet desquels elle se perche. On
la trouve en Sardaigne dans toutes les saisons.
Sur le continent, je la trouvai toujours en
compagnie de la *Sylvia melanocephala* : elle a
un cri très-fort.

Nourriture. Petits coléoptères à élytres tendres, et
des punaises.

Propagation. Toujours inconnue.

BEC-FIN PITCHOU. — *S. PROVINCIALIS.*

Ajoutez aux synonymes :

Atlas du Manuel, *pl. lithog. l'adulte au printemps.* —
La FAUVETTE PITCHOU (*S. ferruginea*). Vieill. *Faun. franç.*
p. 218. *pl.* 98. *fig.* 2 *et* 3. — Roux. *Ornit. provenç. v.* 1.
p. 337. *tab.* 219. — MAGNANINA. Savi. *Ornit. Tosc. v.* 1.
p. 264. — PROVENSER SÄNGER. Meyer. *Ornit. Taschenb.*
v. 3. *p.* 93.

BEC-FIN PASSERINETTE. — *S. PASSERINA.*

Remarque. A cet article doit être ajouté tout ce qui a été dit sur la *S. subalpina.* (*Voyez* les corrections et les synonymes indiqués ci-dessous, dont l'ouvrage de M. Savi nous fournit les principaux matériaux.)

Il m'a paru nécessaire de refaire en entier cet article, afin de pouvoir classer plus convenablement toutes les citations qui se rapportent aux états différens de sexe et de livrée de cette espèce, que M. Meyer, *sous une date très-récente,* publia en double emploi sous le nom de *Sylvia leucopogon.* SUPPRIMEZ, conséquemment, du Manuel, volume premier, page 213 et suivantes, les articles sous le nom de *S. passerina* et *subalpina*, et mettez :

BEC-FIN PASSERINETTE. — *S. PASSERINA.*

Le bord extérieur du poignet de l'aile et les couvertures alaires inférieures toujours d'un blanc pur.

Sommet de la tête, joues, nuque, dos, devant de la queue, scapulaires et petites couvertures des ailes d'un cendré couleur de plomb, inclinant au bleu; gorge, poitrine, flancs, régions anales et cuisses d'un roux de brique légèrement violet; ventre et abdo-

men d'un blanc plus ou moins pur; deux
bandes blanches, en forme de moustaches,
descendent de la base du bec jusqu'à la moitié
du cou; rémiges brunes noirâtres, bordées
de jaunâtre; pennes de la queue noirâtres, la
première à barbes extérieures et à peu près
mi-parties blanches; les deuxième et troisième
seulement terminées de blanc. Le contour
intérieur des paupières est nu, roussâtre,
entouré de petites plumes d'un rouge de brique. Le bec noir, mais la base de la mâchoire
inférieure couleur de chair; iris jaune; les
pieds couleur de chair jaunâtre. Longueur,
de quatre pouces dix lignes à cinq pouces. Le
vieux mâle au printemps. C'est alors Bec-fin
subalpin. *Atlas du Manuel, pl. lithog.*

La *femelle, dans le même état,* a le sommet
de la tête, les joues et les parties supérieures
d'un cendré clair, très-faiblement nuancé
d'olivâtre; poitrine, flancs et côtés du cou
d'un gris jaunâtre ou roussâtre très-clair;
front lavé de brun; milieu du ventre blanc;
ailes brunes bordées de cendré; première
rémige blanche sur le bord externe et à l'extrémité; seconde, de cette couleur seulement
au bout; la bande blanche a la commissure

du bec faiblement tracée ; les paupières d'un blanc grisâtre.

SYLVIA PASSERINA. Roux. *Ornit. provenç. v.* 1. *p.* 334 ; mais point la planche 207 sous le nom de *Fauvette passerinette,* que je ne puis rapporter à aucun des états de la *Passerinette.* Serait-ce peut-être la femelle de *Sylvia conspicillata ?* La figure ressemble beaucoup à cet oiseau, moins le trait blanc au lorum et la petite tache blanche derrière la paupière. Je supprime *provisoirement* cette planche de toute synonyme. Il faudra supprimer aussi la planche de l'Atlas du Manuel, sous le nom de *Passerinette.* — STERPAZZOLINA. Savi. *Ornit. Tosc. v.* 1. *p.* 257. — LE BEC-FIN CISALPIN. *planches coloriées,* 251. *fig.* 2 *et* 3. *portraits fidèles du mâle et de la femelle.* — FAUVETTE SUBALPINE. Roux. *Ornit. provenç. Atlas. tab.* 218. *fig.* 1 *et* 2. *individus vieux et en plumage fortement coloré.* — WEISBÄRTIGER SÄNGER (*Sylvia leucopogon*). Meyer. *Ornit. Taschenb. v.* 3. *p.* 91.

Le *mâle en automne* a toutes les parties supérieures d'un gris cendré, plus ou moins nuancé de gris olivâtre ou de roussâtre ; pennes des ailes et grandes couvertures d'un brun noirâtre, bordées de brun clair ou grisâtre ; celles de la queue noirâtres, bordées de brun ; pas de tache blanche à la troisième penne ; gorge et devant du cou d'un roux plus ou moins nuancé de vineux ; souvent les fines bordures de ces plumes d'un ton blanchâtre ;

flancs d'un roux clair, plus ou moins vineux ;
milieu du ventre, abdomen et dessous de la
queue blancs; les moustaches toujours d'un
blanc pur.

C'est alors :

Bec-fin subalpin. *Manuel. v. 1. 214. et nos planches
coloriées. 6. fig. 2. sur un sujet mâle dont toutes les pennes
de la queue sont terminées de blanc.* — La Fauvette passerinette. Vieill. *Faun. franç. p. 206. pl. 93. fig. 3. un
jeune mâle.*

Les *jeunes mâles* ont de larges bordures
cendrées et olivâtres vers le bout de toutes les
plumes grises des parties supérieures, de manière que ces parties offrent une teinte plus
ou moins olivâtre; les plumes de la gorge et
du devant du cou à larges bordures d'un blanc
terne ont une teinte plus ou moins isabelle ou
gris roussâtre.

C'est aux individus dans ce plumage, et
suivant qu'ils sont plus ou moins sur le point
d'entrer en mue, que doivent être rapportés
les deux sexes indiqués sous le nom de *Sylvia
passerina.*

Sylvia passerina. Gmel. *Syst. p. 954.* — Lath. *Ind.
Ornit. v. 2. p. 508. sp. 5.* — Curruca minor. Briss. *Ornit.*

v. 3. *p*. 374. — La PASSERINETTE. Buffon. *Oiseaux*. *v*. 5. *p*. 123. — Comme figure très-défectueuse, méconnaissable. *pl. enlum.* 579. *fig.* 2. sous le nom de *petite Fauvette*. Ce ne pourrait être, dans tous les cas, que la *femelle*. — PASSERINE WARBLER. Lath. *Syn. v.* 4. *p.* 414. *sp.* 4. — SPERLINGS und ALPEN-SÄNGER. Meyer. *Ornit. Taschenb. v.* 3. *p.* 89 *et* 92. (Copies du Manuel.)

Habite. Très-commun en Égypte. Vit ou émigre en Sardaigne, en Italie, en Dalmatie, en Carinthie, et jusqu'en Silésie. On ne sait pas si elle visite régulièrement la Provence; mais elle est commune près de Turin et de Rome dans les buissons; à Palo, sur le rivage et dans les buissons. Elle habite le bord des marais parmi les broussailles et les buissons; souvent en compagnie de la *S. cinerea* ou *Grisette*.

Nourriture. Petits insectes qui s'attachent au feuillage et les baies de quelques ronces.

Propagation. Niche en mars; compose son nid de mousse, de racines et de toiles d'araignées; pond quatre ou cinq œufs arrondis, d'un bleu verdâtre, avec quelques taches obscures plus grandes et plus nombreuses sur le gros bout; fait deux pontes.

BEC-FIN ROUGE-GORGE. — *S. RUBECULA.*

Ajoutez aux synonymes :

Atlas du Manuel, pl. lithog. — Naum. *Naturg. tab.* 75. *fig.* 1 *et* 2. — FAUVETTE ROUGE-GORGE. Vieill. *Faun. franç.*

p. 197. *pl.* 90. *fig.* 1 et 2. — Roux. *Ornit. provenç. v.* 1.
p. 316. *tab.* 206. — Fichten , busch und nordisches
rothkehlchen. Brehm. *Vög. Deut. p.* 360. — Walter.
Nordis. Ornit. hefti. 1. *tab.* 6. *fig.* 2. — Pottirosso.
Savi. *Ornit. Tosc. v.* 1. *p.* 243.

BEC-FIN GORGE-BLEUE. — *S. SUECICA.*

Variété constante. Il existe dans le Nord une
variété constante ou espèce propre à ces régions, qui diffère de celle de nos climats, à
peu près de la même manière que le *Moineau
cisalpin* diffère constamment de notre espèce
commune du nord et du centre de l'Europe.
Comme le *Bec-fin gorge-bleue à miroir roux*
diffère toujours plus ou moins de celui à
miroir blanc *, on pourrait les distraire comme
variété locale constante, en laissant à la première, qui vit dans le Nord, le nom de *Sylvia
suecica*, et donnant à la seconde le nom de
Sylvia cyanecula, proposé par Meyer. Celle-
ci, ou la variété à miroir ou tache blanche, se
trouve accidentellement dans le Nord, tandis
que la vraie *Suecica* de Linné, le *Gorge-bleue*

---

* Je donne le nom de *miroir* à cette grande tache blanche,
ou rousse, placée au milieu de la gorge du mâle.

à miroir roux, vit toujours dans le Nord, paraît déjà plus rarement en Danemark, et se montre accidentellement en Allemagne.

Voici la description de cette espèce ou race constante du Nord :

Front, sommet de la tête, occiput, et toutes les autres parties supérieures d'un gris-brun ; une bandelette blanche s'étend de la base du bec au-dessus des yeux ; gorge et tout le devant du cou d'un bleu azur ; au centre de cette couleur, un grand espace ou miroir d'un roux-marron plus ou moins vif ; la partie supérieure de la poitrine est d'un bleu foncé ; cette teinte est séparée du roux-marron du bas de la poitrine par une bande blanche. La queue est d'un gris-brun ; les cinq pennes latérales sont d'un roux vif à leur base.

Il paraît que les *vieux mâles* de cette race perdent le miroir marron de la gorge, absolument comme la race de nos climats perd le miroir blanc. *Wolfische blaukelchen* de Brehm.

Ajoutez aux synonymes de la variété locale du Nord :

Motacilla suecica. Linné. — Sylvia suecica. Nilson.

Ornit. suec. p. 216. *le vieux mâle.* — SCHWEDISCHES und ÖSTLICHES BLAUKELCHEN. Brehm. *Vög. Deut. p.* 350. — BLACKJELK. Walter. *Nordisc. Ornit. tab.* 6. *fig.* 1.

Ajoutez aux synonymes de la variété commune, ou à *miroir blanc :*

Atlas du Manuel, pl. lithog. mâle. — SYLVIA CYANECULA. Meyer. *Ornit. Taschenb. Deut. p.* 240. — La RUBINETTE A GORGE BLANCHE. Cuvier. *v.* 1. *p.* 365. — Vieill. *Faun. franç. p.* 198. *pl.* 90. *fig.* 3. — Roux. *Ornit. provenç. v.*.1. *p.* 317. *tab.* 207. — DUNKLES und WEISSTIRNIGES BLAUKELCHEN. Brehm. *Vög. Deut. p.* 353. — PETTO AZZURRO. Savi. *Ornit. Tosc. v.* 1. *p.* 286. — BLUE-THROATED WARBLER. Gould. *Birds of Europ. part.* 3. *vieux mâle, et femelle.* — Naum. *tab.* 75. *fig.* 3, 4 *et* 5.

Habite jusqu'en Italie ; mais ne se montre guère plus avant dans le Nord que le Danemark. En Suède et en Norwége, on ne voit habituellement que la race à miroir roux. Accidentellement en Angleterre.

BEC-FIN ROUGE-QUEUE. — *S. TITHYS.*

Ajoutez :

Atlas du Manuel, pl. lithog. le mâle. — BLACK-THROAT START. Gould. *Birds of Europ. part.* 8. — La FAUVETTE TITHIS. Vieill. *Faun. franç. p.* 199. *pl.* 91. *fig.* 1 *et* 2. — Roux. *Ornit. provenç. vol.* 1. *p.* 319. *tab.* 208. — SCHWARZER HOCHKÖPFIGER und SCHWÄRZLICHER HAUSROTH

PARTIE IIIe. 10

schwanz. Brehm. *Vög. Deut.* p. 365. — Naum. *tab.* 79.
fig. 3 *et* 4,

Ajoutez à l'*habitat :*

Vit partout en Allemagne sur les toits dans
les villes ; commun sur les rochers des Alpes ,
au Saint-Gothard , au Grimsel , etc. ; très-
rare dans le Nord. Vit aussi en Morée ; pas
commun en Provence ; rare en Angleterre.

BEC-FIN DE MURAILLES. — *S. PHŒNICURUS.*

Ajoutez :

Atlas du Manuel, pl. lithog. le mâle. — La Fauvette
rossignol de murailles , ou gorge-noire. Cuvier. *Règne*
animal. vol. 1. p. 361. — Vieill. *Faun. franç.* p. 200.
pl. 91. *fig.* 3. *le mâle.* et *pl.* 92. *fig.* 1. *la femelle.* —
Roux. *Ornit. provenç.* v. 1. p. 320. *tab.* 209 *et* 210. *mâle*
et femelle. — Wald , baum und gartenrothschwanz.
Brehm. *Vög. Deut.* p. 363. — Red start. Gould. *Birds*
of Europ. part. 6. M. Swainson en fait le genre *Phœ-*
nicura. — Naum. *Neue Ausg. tab.* 79. *fig.* 1 *et* 2.

TROISIÈME SECTION.

MUSCIVORES.

Voyez le *Manuel*, *page 222*, et ajoutez :

Plusieurs espèces, telles que l'*Hippolais* et l'*Icterina*, se nourrissent indistinctement de mouches qui vivent sous l'ombre des buissons et au-dessus des jonchaies : de là vient qu'on les trouve fréquemment dans les marais.

Quelques auteurs les placent, à cause de ces habitudes, parmi les *Sylvains riverains ;* et ceux qui voient des genres partout, les associent à leur *Calamoherpe*, ou en font encore un nouveau sous-genre. Par ce moyen, ils les éloignent des autres espèces dont ils ont le plumage et les mœurs, et auxquelles elles ressemblent tellement à l'extérieur, qu'on a bien de la peine à distinguer nettement les espèces ; que souvent même il faut avoir les sujets sous les yeux afin de les distinguer spécifiquement. *Voilà cependant où conduit la manie des genres trop multipliés* *.

---

* Ici M. Vieillot a encore changé tous les noms.

BEC-FIN A POITRINE JAUNE.—*S. HIPPOLAIS.*

Mettez en tête de cet article :

Bec large à la base ; fort et long ; mandibule inférieure blanchâtre.

Ajoutez aux synonymes :

Atlas du Manuel, vl. lithog. — Naum. *Neue Ausg. tab.* 80. *fig.* 1. — Fauvette lusciniole (*S. polyglotta*). Vieill. *Faun. franç. p.* 212. *pl.* 96. *fig.* 1. — Roux. *Ornit. provenç. v.* 1. *p.* 343. *tab.* 224. — Beccafico canapino. Savi. *Ornit Tosc. v.* 1. *p.* 287. — Hochköpfigé, mittlere und plattköpfige bastardnachtigall. Brehm. *p.* 435.

Supprimez, page 223, *habite*, et mettez :

Habite les taillis, les bosquets, et assez souvent les roseaux, en Allemagne, en France, quoique rare en Provence, en Italie, etc. ; très-commun en Hollande dans tous les jardins. Le ramage est mélodieux et varié.

Remarque. Les individus tués dans le Midi ont les teintes jaunes plus vives que ceux tués dans nos contrées. La même remarque est applicable aux autres espèces, surtout au *Pouillot.*

Propagation. Le nid est artistement construit d'écorce de bouleau, de coques de chrysalides, et de laine ou de duvet des plantes.

BEC-FIN SIFFLEUR — *S. SIBILATRIX*.

Remarque. La *Sylvia sylvicola* des auteurs systématiques est loin de concorder nettement avec notre
oiseau.

Ajoutez aux synonymes :

Atlas du Manuel, *pl. lithog.* — Temm. et Laug. *Plan-
ches coloriées d'Oiseaux*, *tab.* 245. *fig.* 3. — Naum. *Neue
Ausg. tab.* 80. *fig.* 2. — La FAUVETTE SYLVICOLE. Vieill.
Faun. franç. p. 210. *pl.* 95. *fig.* 3. — Roux. *Ornit. pro-
venç. v.* 1. *p.* 345. *pl.* 225. — LI I VERDE. Savi. *Ornit.
Tosc. v.* 1. *pag.* 290. — SCHWIRRENDER, GROSSCHNÄBLIGER
und NORDISCHER LAUBVOGEL. Brehm. *Vög. Deut. p.* 425.
— WOOD-WREN. Gould. *Birds of Europ. part.* 1. *fig.* 3.

Supprimez, page 223, *habite*, et mettez :

Habite les bois de haute-futaie, particulièrement les
forêts de hêtres. C'est en planant et battant des ailes
qu'elle fait entendre son ramage perçant et cadencé.
Commune en France, en Allemagne, en Italie ; plus
rare dans le Nord et en Hollande.

Propagation. M. Roux, dit qu'elle niche souvent à
terre ; elle donne à son nid la forme d'un petit four, et
le place sous les arbres qui portent le plus d'ombrage,
entre les racines ou au pied des buissons ; ce nid est
composé de mousse, tapissé d'herbes fines et de longs
crins. •

BEC-FIN ICTÉRINE.

SYLVIA ICTERINA. (Vieill.)

Bec déprimé, mais court; intérieur du bec jaune-safran; lorum olivâtre; la deuxième rémige plus longue que la sixième, et beaucoup plus courte que la cinquième; la queue, au centre, un peu fourchue. Longueur du tarse, dix lignes; le jaune des parties inférieures en mèches longitudinales.

Sommet de la tête et parties supérieures d'un olivâtre pur; un petit trait jaune vif à la base du front jusque sur la paupière, et un peu au-delà; une bande d'un gris olivâtre couvre le lorum; joues, côtés du cou, poitrine et flancs d'un jaune clair, en mèches longitudinales; bord extérieur de l'aile et couvertures inférieures jaune-citron clair; milieu du ventre blanc, nuancé de stries longitudinales jaunes; gorge d'un blanc jaunâtre; ailes et queue d'un brun cendré, et bordures des pennes olivâtre clair; la queue longue, fourchue dans le milieu, les deux pennes du centre étant beaucoup plus courtes que les latérales; bec court, assez obtus, et d'un brun foncé;

pieds bruns. Longueur, cinq pouces et deux
ou trois lignes. Le *mâle* et la *femelle au printemps*.

Remarque. La longueur de la queue, qui dépasse les
ailes d'un pouce ; sa forme en fourche au centre, et
la longueur comparative des rémiges et du tarse, sont
les caractères les plus marquans pour servir de moyen
de distinguer cette espèce des deux suivantes : il sera
toujours très-difficile de les reconnaître lorsqu'on les
verra isolément.

C'est probablement le *grand Pouillot* de quelques
naturalistes français. — Fauvette ictérine (*S. icterina*).
Vieill. *Nouveau Dictionnaire d'histoire naturelle, vol.* 11.
p. 194. — Beccafico itterino. P. de Musig. *Iconog. della
Faun. ital. liv.* 1. *fig.* 2. *une planche non numérotée.* —
La planche de l'Atlas du Manuel, sous le nom de *Bec-
fin pouillot*, paraît avoir été faite sur un sujet de l'espèce du *Bec-fin ictérine :* la figure ressemble complètement à cette espèce, et nullement au *Pouillot*.

Remarque. Voici ce que me marque M. Cantraine,
au sujet de cette espèce qu'il tua voltigeant au-dessus
des roseaux, dans les marais d'Ostia, le 4 avril. Elle
vit dans les roseaux ; je n'en vis et tuai qu'un seul
individu ; malgré toutes mes recherches, je ne pus en
trouver d'autre. M. Vieillot en a vu un dans le cabinet
du comte de Riocour, à Nancy, et un autre au Musée
de Paris. — J'en ai tué plusieurs en Hollande, où il est
moins abondant que le *Pouillot.*

Habite conséquemment la Hollande, la France et les États romains, dans le voisinage des eaux et des marais; en Hollande, dans les taillis d'aune près des eaux. Elle est sans doute plus abondante qu'on ne le suppose; car il est assez probable qu'on l'aura confondue avec le *Bec-fin véloce;* plus souvent, peut-être, avec le *Pouillot.*

Nourriture. Petits insectes, et mouches qui s'attachent aux branches et au feuillage.

Propagation. Je n'ai pas été à même de voir le nid ni les œufs.

BEC-FIN POUILLOT. — *S. TROCHILUS.*

Queue faiblement fourchue au centre; la deuxième et la sixième rémige de la même longueur. Longueur du tarse, huit lignes. Plumage inférieur d'une teinte jaunâtre uniforme.

Les *jeunes de l'année* n'ont du jaune qu'à la gorge, aux couvertures inférieures des ailes, sur la ligne médiane du ventre et aux couvertures du dessous de la queue; la poitrine et les flancs sont alors d'un blanc cendré. *Longueur totale de l'adulte, seulement quatre pouces deux ou trois lignes.*

Ajoutez aux synonymes :

La Fauvette fitis (*S. fitis*). Vieill. *Faun. franç. p.* 217. *pl.* 98. *fig.* 2. — Roux. *Ornit. provenç. vol.* 1. *p.* 350. *tab.* 228. Figure qu'on pourrait rapporter aussi bien à l'*Ictérine* qu'au *Pouillot*, si elle n'offrait des dimensions moins fortes, plus de jaune dans le plumage et un trait jaune plus large au-dessus des yeux ; caractères qui conviennent au *Pouillot* et pas à l'*Ictérine*. Je place cette observation, faite sur une figure, afin de donner aux naturalistes un nouveau moyen comparatif pour reconnaître les unes des autres ces espèces différentes, mais qui ont tant d'analogie entre elles dans les formes et dans les teintes de leur plumage. — Baum, und Garten laubsänger. Brehm. *Vög. Deut. p.* 427. — Willow-wren (*S. trochilus*) et Chiff-chaff (*S. hippolais*), de Gould, sont l'un et l'autre des Pouillots. (*Voyez la planche fig.* 1 *et* 2. *part.* 1. car son *Chiff-chaff*, figure 2, ne ressemble point au véritable *Bec-fin à poitrine jaune* (S. hippolais). — La planche de l'Atlas du Manuel, sous le nom de *Pouillot*, est un portrait exact du *Bec-fin ictérine*.

Habite jusqu'au-delà du cercle arctique. Elle préfère les forêts de bouleaux à tous les autres arbres de haute-futaie.

BEC-FIN VÉLOCE. — *S. RUFA.*

Bec un peu élargi à la base, fin et en alène vers la pointe; queue à pennes d'égale longueur.

La *femelle* et les *jeunes* se ressemblent; ils diffèrent du *mâle* en ce que le dessous du corps est d'un jaune blanchâtre où celui du mâle est d'un jaune plus prononcé.

Ajoutez aux synonymes :

Atlas du Manuel, pl. lithog. — La FAUVETTE COLLYBITE (*S. collybita*). Vieill. *Faun. franç. p.* 214. *pl.* 97. *fig.* 1. — Roux. *Ornit. provenç. v.* 1. *p.* 342. *tab.* 223. — LUI PICCOLO. Savi. *Ornit. Tosc. v.* 1. *p.* 292. — GRAUER, WALD, EINSAMER, FICHTEN und KURZSCHNÄBLIGER LAUBVOGEL. Brehm. *Vög. Deut. p.* 436. — Les Sylvia *fitis* et *rufa* de Naum. *Neue Ausg. tab.* 80. *fig.* 3 et 4, ne sont pas assez bien faites pour pouvoir les reconnaître.

Habite, en Provence, les bois pendant la belle saison, et s'approche, en automne, des vergers et des jardins : elle se tient volontiers sur les arbres le long des ruisseaux.

BEC-FIN NATTERER. — *S. NATTERERII.*

Ajoutez :

BEC-FIN NATTERER *de nos planches coloriées.* 24. *fig.* 3.

— *Atlas du Manuel*, *pl. lithog.* — La FAUVETTE BONELLI
(*S. bonellii*). Vieill. *Faun. franç. p.* 216. *pl.* 97. *fig.* 3.
— Roux. *Ornit. provenç. vol.* 1. *p.* 346. *tab.* 226. — LUI
BIANCO. Savi. *Ornit. Tosc. vol.* 1. *p.* 294. — NATTERERS
SÄNGER. Meyer. *Ornit. Taschenb. v.* 3. *p.* 95. — Brehm.
Vög. Deut. p. 429.

Habite principalement le midi et le centre de
l'Europe, sur les collines boisées. Jamais observée
dans le Nord : commune en Provence et en Suisse.
M. Hornschug la tua en Tyrol.

Nourriture. Petites mouches, araignées et autres
insectes.

Propagation. Niche en Italie, sur les collines, aussi à
terre, parmi les herbes. Le nid est de forme sphé-
rique à ouverture latérale, garni extérieurement de
feuilles sèches. Pond quatre ou cinq œufs globuleux,
blancs et parsemés de petits points de couleur rougeâtre.

Remarque. Il est encore douteux s'il convient de
réunir au *Bec-fin natterer* l'oiseau indiqué par M. Brehm
sous le nom de *graurückiger Laubsänger, page* 428.
L'auteur cité en fait une espèce sous le nom de
Phyllopneuste acredula (Motacilla acredula). *Linn.*

GENRE VINGTIÈME.

ROITELET. — *REGULUS.* (Rail.)

Bec très-grêle, en alène, court, très-droit, subulé ; mandibule supérieure finement entaillée vers le bout. *Narines* ovales, couvertes et cachées par de petites plumes dirigées en avant. *Pieds* très-grêles ; doigt intermédiaire réuni par la base avec l'externe, totalement séparé de l'interne ; doigt postérieur le plus fort de tous. *Ailes* moyennes ; la première penne très-courte, deuxième et huitième égales, quatrième et cinquième plus longues.

Il convient de séparer ces très-petits volatiles des *Sylvains* ou *Bec-fins* ordinaires. La forme de leur bec et celle des narines couvertes les rapprochent des *Mésanges*, dont ils tiennent beaucoup par leur genre de vie et la manière dont ils se cramponnent aux branches et au feuillage ; leur bec n'est pas, comme celui des Bec-fins, déprimé à sa base, mais très-comprimé partout : les deux petites plumes qui se dirigent sur les narines les distinguent suffisamment. Ils vivent de très-petits insectes

qui s'attachent au feuillage ; ils se suspendent
habituellement aux branches flexibles, et s'y
accrochent, visitant toutes les feuilles. Leur
nid, suspendu aux rameaux, est fait avec
beaucoup d'art. Ce sont les plus petits oiseaux
d'Europe ; ils sont très-agiles, et ne redoutent
point la rigueur de nos hivers. Deux espèces
sont connues en Europe, et on en a trouvé
une dans les pays chauds de l'Amérique du
Sud et une dans le Nord. M. Brehm prétend
qu'il connaît six espèces en Europe.

ROITELET ORDINAIRE. — *REGULUS CRISTATUS*.

Ajoutez aux synonymes :

Atlas du Manuel, *pl. lithog.* — Naum. *Neue Ausg. tab.*
93. *fig.* 1, 2 *et* 3. — Le ROITELET HUPPÉ. Vieill. *Faun.*
franç. pl. 102. *fig.* 2. — Roux. *Ornit. provenç. v.* 1.
p. 358. *tab.* 234. — FEUGLEGONGEN. Walter. *Nordische*
Orn. tab. 3. *fig.* 1 *et* 2. — NORDISCHES SAFFRANKÖPFIGES
und GOLDKÖPFIGES GOLDHÄHNCHEN. Brehm. *Vög. Deut.*
p. 479. — GOLDEN-CRESTED WREN. Gould. *Birds of Europ.*
part. 3.

ROITELET TRIPLE-BANDEAU.—*R. IGNICAPILLUS.*

Ajoutez :

Atlas du Manuel, pl. lithog.—Naum. *Neue Ausg. tab.* 93. *fig.* 4, 5 *et* 6. — Le Roitelet à moustachés (*Regulus mystaceus*). Vieill. *Faun. franç.* p. 231 *pl.* 102. *fig.* 3. — Roux. *Ornit. provenç. v.* 1. p. 360. *tab.* 235. — Feuerköpfiges und kurzschäbliges goldhähnchen. Brehm. *Vög. Deut.* p. 483. — Fire-crested waen. Gould. *Birds of Europ. part.* 3.

Habite. Très-commun dans les grandes forêts de sapins du midi de l'Allemagne ; aussi en Angleterre. M. Yarrell me marque qu'on en a tué dans le Cambridgeshire et le Sussex.

Propagation. Niche dans les pins , pond jusqu'à 8 et 10 œufs couleur de chair, marqués de points rouges sur le gros bout.

GENRE VINGT-UNIÈME.

TROGLODYTE. — *TROGLODYTES.* (Cuv.)

Bec très-grêle, fin, sans aucune échancrure, pointu, faiblement arqué ; mandibules égales.

Narines ovales, couvertes par une membrane. *Pieds* longs, grêles; doigt intermédiaire réuni par la base à l'externe, et totalement séparé de l'interne. *Ailes* très-courtes, concaves, arrondies. Première rémige de moyenne longueur, quatrième et cinquième plus longues.

La queue et les ailes sont courtes; ils portent la première constamment relevée. Ils vivent le plus souvent cachés, et se montrent rarement à découvert sur les arbres : ils ont tous un goût décidé pour les endroits obscurs, les cavernes, les murailles, ou les trous naturels entre les racines des arbres sur les bords des eaux. C'est dans ces lieux, dans les piles de bois, les tas de branchages secs, au pied des haies et des buissons, qu'ils cherchent les petits insectes, sautillant sans cesse, et faisant entendre un joli ramage. Leur nid est le plus souvent artistement construit, clos de tous les côtés, à ouverture latérale. (*Voyez* le reste dans le *Manuel*, page 233.)

Remarque. Le genre *Troglodyte* n'est pas nombreux en espèces, quelques-unes ont un bec légèrement fléchi et plus long que la tête.

TROGLODYTE ORDINAIRE. — *T. VULGARIS.*

Ajoutez aux synonymes :

Atlas du Manuel, pl. lithog. — Troglodyte d'Europe. Vieill. *Faun. franç.* p. 232. *pl.* 103. *fig.* 1. — Roux. *Ornit. provenç.* v. 1. p. 362. *tab.* 236. — Sericciolo. Savi. *Orn. Tosc.* v. 1. *p.* 296. — Haus und Waldzaunkönig. Brehm. *Vög. Deut.* p. 454. — The wren. Gould. *Birds of Europ. part.* 5.

Remarque. Les naturalistes italiens sont invités à faire des recherches dans les marais de leur pays, afin de s'assurer s'il existe effectivement, dans les contrées méridionales, une seconde espèce de *Troglodyte*, qu'on assure être différente de l'espèce vulgaire de nos climats. On la dit plus grande et d'un roux très-vif. Les roseaux seraient sa demeure habituelle. M. Cantraine marque dans ses notes, qu'il soupçonne l'existence de cette espèce ; il tua deux individus sur les bords du lac de Castiglione, mais il lui fut impossible de les retrouver.

Je trouve dans les collections faites au Japon, un *Troglodyte* dont les formes et les couleurs s'éloignent assez de celles de notre espèce, pour en former une distincte. Comme cet oiseau *semble avoir quelque analogie* avec celui dont M. Cantraine m'a donné le signalement très-succinct, j'en fournis ici une description minutieuse, afin que les naturalistes italiens

puissent juger, si le *Troglodyte* vu et tué par
M. Cantraine est identique avec l'espèce du
Japon.

TROGLODYTE ENFUMÉ.

TROGLODYTES FUMIGATUS.

MISOSASAI au Japon.

Un peu plus grand que le *Troglodyte ordinaire;* bec plus long d'une ligne, totalement
brun; ailes plus longues d'une ligne; queue
plus longue de deux lignes. Joues couvertes de
petits points isabelle sur un fond brun; gorge,
devant du cou et poitrine d'un brun enfumé,
sans taches; parties supérieures d'un brun
sombre, avec les mêmes distributions de zigzags noirs, mais ceux-ci plus profonds; flancs
et abdomen variés de zigzags noirs sur un fond
brun-roux; aucune trace de blanc ou de blanchâtre aux parties inférieures; queue d'un roux
plus vif, avec des bandelettes plus distantes et
plus noires.

Son nom japonais est *Misosasai.* Il vit l'été
dans les bois, et se rapproche des habitations
en hiver.

PARTIE IIIᵉ.   11

Si c'est une espèce distincte, elle est du moins très-voisine de notre *Troglodyte ordinaire*.

nairie.

~~~~~~~~~~~~~~~~~~~~

GENRE VINGT-DEUXIÈME.

TRAQUET. — *SAXICOLA*.

Caractères. Voyez *Manuel*, vol. 1, page 235.

Ajoutez aux mœurs :

Quelques espèces de *Traquets* habitent, durant la belle saison, dans les lieux secs et pierreux; d'autres fréquentent plus volontiers les prés ou les plaines humides; ils choisissent, pour se percher, une petite éminence; quelques-uns recherchent les buissons, voltigent souvent sur le haut des tiges, et s'élancent de là sur les insectes qui passent à leur portée. M. Savi comprend aussi les *Traquets* dans son genre *Sylvia*.

TRAQUET RIEUR. — *S. CACHINNANS.*

La *femelle*, selon M. de La Marmora, porte
une livrée plus brune que le *mâle*. Toutes les
plumes qui sont noires dans le mâle ont une
teinte couleur de suie, particulièrement aux
parties inférieures : la queue a plus de noir
que dans le mâle.

Ajoutez aux synonymes :

Atlas du Manuel, pl. lith. le mâle. — ŒNANTHE LOUCURO.
Vieill. — CULBIANCO ABBRUNATO. Marm. *Mém. de l'Acad. de
Turin. v.* 25. *tab.* 8 *et* 9. *mâle et femelle.* — Savi. *Ornit.
Tosc. v.* 1. *p.* 226. — Le MOTEUX NOIR. Vieill. *Faun. franç.
p.* 188. *pl.* 84. *fig.* 1. — Roux. *Ornit. provenç. v.* 1.
p. 302. *tab.* 197. *le mâle.* — SCHWARZER STEINSCHMÄTZER.
Meyer. *Ornit. Taschenb. v.* 3. *p.* 97. — BLACK-WHEATEAR.
Gould. *Birds of Europ. part.* 8.

M. Savi dit avoir vu deux individus dans les
environs de Portovenere : quelques sujets ont
été tués à Nice. On le trouve en Corse, en
Espagne et en Sardaigne; il vit isolé ou par
paire; ses habitudes se rapprochent de celles
du *Merle de roche.*

TRAQUET MOTEUX. — *S. OENANTHE.*

Ce n'est qu'à sa première mue que le mâle prend la bande noire entre les yeux et le bec.

Ajoutez :

Atlas du Manuel, pl. lithog. le mâle.—Le Moteux vitrec (OEnanthe cinereus). Vieill. *Faun. franç. p.* 187. *pl.* 83. *fig.* 1. — Roux. *Ornit. provenç. v.* 1. *p.* 304. *tab.* 198. — The Wheatear. Gould. *Birds of Europ.* part. 2. *mâle et femelle.* — Sten squatta. Nilson. *Skandinav. Faun.* pl. 65. *mâle.* — Naum. *Naturg. Neue Ausg. tab.* 89. *fig.* 1 et 2.

Se trouve aussi en Dalmatie et en Morée.

TRAQUET STAPAZIN. — *S. STAPAZINA.*

Ajoutez aux synonymes :

Atlas du Manuel, pl. lithog. le mâle au printemps. — Naum. *Naturg. Neue Ausg. tab.* 90. *fig.* 1 et 2. *plumage d'été et d'hiver.*—Le Moteux stapazin. Vieill. *Faun. franç. p.* 189. pl. 84. *fig.* 2 et 3. — Roux. *Ornit. provenç. v.* 1. *p.* 305. *tab.* 199. — Röthliger steinschmätzer. Meyer. *Ornit. Taschenb. v.* 3. *p.* 98. — Monachella con la gola nera. Savi. *Ornit. Tosc. v.* 1. part. 225. — Russel wheatear. Gould. *Birds of Europ. part.* 6.

Habite. Très-commun en Dalmatie et en Morée.

Nourriture. Mouches, sauterelles et larves d'insectes.

Propagation. Niche comme le *Moteux ;* des herbes fines entrelacées composent le nid à l'extérieur, en dedans de la mousse et de petites plumes ; il est placé entre des pierres. Pond cinq ou six œufs d'un bleu pâle, légèrement lavé de petites mouchetures d'un bleu cendré plus foncé.

TRAQUET OREILLARD. — *S. AURITA.*

Ajoutez :

Atlas du Manuel, pl. lithog. —*De nos planch. color.* 257. *fig.* 1. *le mâle.* — BLACK-EARED WHEATEAR. Gould. *Birds of Europ. part.* 6. — LE MOTEUX REGNAUBY (Œnanthe Albicollis). Vieill. *Faun. franç. p.* 190. *pl.* 85. *fig.* 1, 2 et 3. — Roux. *Ornit. provenç. v.* 1. *p.* 307. *tab.* 200. — SCHWARZÖHRIGER STEINSCHMÄTZER. Meyer. *Ornit. Taschenb. v.* 3. *p.* 99. — MONACHELLA. Savi. *Ornit. Tosc. v.* 1. *p.* 223. — *Stor. degli Ucc. tab.* 384. *fig.* 1.

Habite. Se trouve aussi en Dalmatie, où on le dit cependant plus rare que l'espèce précédente. J'ai reçu des individus de l'une et de l'autre espèce d'Égypte et du Sénégal, sans jamais avoir pu remarquer de trace qui m'aurait pu faire adopter l'opinion que ce pouvaient être des états différens d'une même espèce.

Propagation toujours inconnue.

TRAQUET LEUCOMÈLE *. — *S. LEUCOMELA.*

Côtés de la tête, espace entre l'œil et le bec, gorge et devant du cou d'un noir profond; sommet de la tête, occiput, partie postérieure du cou et croupion d'un blanc pur; dos et ailes d'un brun noirâtre; tout le ventre et les autres parties inférieures blanches; la queue d'un blanc pur depuis son origine jusqu'aux deux tiers de sa longueur; le reste et les deux pennes du milieu noirs; les couvertures du dessous de la queue légèrement roussâtres. La queue dépasse de huit lignes l'extrémité des ailes. Longueur, cinq pouces cinq ou six lignes. *Le vieux mâle.*

La femelle. Voyez *Manuel*, page 244.

Les jeunes mâles de l'année ont toujours les

---

* La description du mâle de cette espèce, dans le *Manuel*, page 243, manquant de précision, j'en donne ici une nouvelle.

flancs d'un gris cendré. — *Voyez* le reste *loco citato.*

Ajoutez aux synonymes :

De nos planch. color. 257. *fig.* 3. *le mâle adulte.*—*Atlas du Manuel, pl. lith. l'adulte.* — MOTACILLA PLESCHANCA. Lepec. *Nov. comm. Peterop. v.* 14. *p.* 504. *tab.* 22. *fig.* 3. — Guldens. *Nov. comm. .Petrop. v.* 19. *p.* 468. *tab.* 15. — Falk. *Beitr. Tusel. v.* 3. *p.* 406. *t.* 30. *mâle et femelle.* —WEISSBUNTER STEINKCHNRÄTZER. Meyer. *Ornit. Taschenb. v.* 3. *p.* 100.

Remarque. M. Lichtenstein indique cette espèce dans son Catalogue, sous le nouveau nom de *Saxicola lugens,* sur des sujets tués en Égypte, où l'espèce est assez nombreuse et la même qu'en Europe.

Habite * les parties orientales du midi de l'Europe. On la trouve en Russie sur les bords du Volga, de l'Oka et du Kama ; aussi dans le Levant et en Crimée.

TRAQUET TARIER. — *S. RUBETRA.*

Les jeunes au sortir du nid ont des taches blanches et grisâtres sur toutes les parties du corps.

---

* Supprimez tout cet article du *Manuel*, volume 1. p. 244.

Ajoutez aux synonymes :

Atlas du Manuel, pl. lithog. le mâle.—Moteux-tarier ou proprement dit. Vieill. *Faun. franç. p.* 193. *pl.* 88. — Roux. *Ornit. provenç. v.* 1. *p.* 310. *tab.* 203. — Stiaccino. Savi. *Ornit. Tosc. v.* 1. *p.* 226. — *Stor. degli Ucc. tab.* 382. *fig.* 2. — Whinchat. Gould. *Birds of Europ. part.* 1. *mâle et femelle.* — Busk squatta. Nilson. *Skandinav. Faun. pl.* 31. *mâle.*— Naum. *Naturg. Neue Ausg. tab.* 89. *fig.* 3 *et* 4.

Propagation. Fait son nid au pied d'une touffe d'herbes vertes, dans quelque ornière, à l'abri d'une pierre ou d'une motte de terre; il le compose de foin et du poil des bestiaux; ces œufs sont d'un vert bleuâtre, avec quelques taches souvent peu apparentes.

TRAQUET RUBICOLE *. — *S. RUBICOLA.*

Tête, gorge, dos et petites couvertures des ailes d'un noir parfait; mais chaque plume très-finement lisérée de roux-brun; une grande tache blanche sur les côtés du cou, sur le haut

---

* Voyez le premier volume, page 246, où cet oiseau porte le nom de *Traquet pâtre.* Voyez, à la remarque, les motifs qui me font adopter celui de *Rubicole.* Supprimez aussi la description du *vieux mâle* dans le *Manuel*, page citée.

des ailes et sur le croupion. Poitrine d'un roux foncé, les parties inférieures d'un roux très-clair; ailes brunes lisérées de brun plus clair; base de toutes les pennes de la queue, blanche, le reste d'un brun noirâtre. Longueur, quatre pouces quatre ou cinq lignes. *Le vieux mâle au printemps.*

Le mâle après la mue d'automne a des bordures rousses plus larges au bout des plumes de la gorge; celles de la nuque et du dos sont frangées de larges bordures de cette couleur; la poitrine est d'un roux clair, et le reste du dessous du corps isabelle clair; des lisérés plus larges aux pennes des ailes, et le fin bout de la queue roussâtre.

La femelle. Voyez *Manuel.*

Les jeunes au sortir du nid ont les plumes des parties supérieures d'un brun grisâtre; toutes sont terminées par une petite tâche blanchâtre.

Ajoutez aux synonymes :

Atlas du Manuel, pl. lithog. le mâle. — Le MOTEUX TRA-QUET. Vieill. *Faun. franç. p.* 191. *pl.* 86. — Roux. *Ornit. provenç. v.* 1. *p.* 308. *tab.* 201. *vieux mâle au printemps,*

et tab. 202. *jeuŋe au sortir du nid.* — SALTINPALO. Savi.
Ornit. Tosc. v. 1. *p.* 230. — Naum. *Neue Ausg. tab.* 90.
fig. 3 , 4 *et* 5. *mâle, femelle et jeune.*

Remarque. J'ai eu tort de réunir dans les synonymes,
pag. 247, le TRAQUET PATRE de Levaillant (*Oiseaux d'A-
frique. v.* 4. *pl.* 180); reconnaissable, comme espèce distincte, à sa taille plus forte , à ses tarses plus longs, au
noir plein des ailes, de la queue et des cuisses ; à l'écus-
son bifide et d'un roux ardent de la poitrine, et au
blanc pur des parties inférieures ; mais il faut convenir
que le *Traquet pâtre* se rapproche beaucoup de notre
Traquet rubicole , particulièrement à l'époque où le
très - vieux mâle a perdu toutes les bordures rousses
dont les plumes noires sont terminées. Les sujets de la
Crimée et ceux de la Morée ont aussi un plumage plus
semblable à celui du *Traquet pâtre* d'Afrique ; cependant je suis d'opinion que cette espèce africaine est différente de notre *Traquet rubicole.* Les sujets reçus du
Japon ressemblent exactement à ceux de l'Europe. *Supprimez la remarque du* Manuel , *p.* 247.

GENRE VINGT-TROISIÈME.

ACCENTEUR. — *ACCENTOR.*

Caractères. Voyez *Manuel*, vol. 1, page 247.

Nous avons encore une espèce nouvelle pour l'Europe, à ajouter à ce petit genre, composé maintenant de quatre espèces.

A. PÉGOT ou DES ALPES. — *A. ALPINUS.*

Ajoutez aux synonymes :

Atlas du Manuel, pl. lithog. l'adulte. — Le PÉGOT DES ALPES. Vieill. *Faun. franç. p.* 195. *pl.* 89. *fig.* 1. — Roux. *Ornit. provenç. v.* 1. *p.* 312. *tab.* 204. — SORDONE. Savi. *Ornit. Tosc. v.* 1. *p.* 300. — ALPENFLUEVOGEL. Brehm. *Vög. Deut. p.* 456. — ALPENBRAUNELLE. Naum. *Naturg. Neue Ausg. tab.* 92. *fig.* 1.

Habite aussi sur quelques montagnes élevées de la Toscane, et se montre en Provence pendant l'hiver. M. Yarrell me marque qu'un individu a été tué dans le jardin du collége de Cambridge en Angleterre.

ACCENTEUR CALLIOPE.

ACCENTOR CALLIOPE. (Mihi.)

Taille du Pégot, mais plus svelte. Lorum et base de la mandibule inférieure d'un noir parfait ; une fine raie, d'un blanc pur, s'étend de la base du bec au-dessus des yeux ; un autre trait, de la même couleur, va de la commissure du bec sur les côtés de la gorge ; toute cette partie et le devant du cou sont d'une teinte rouge clair très-brillante. Ce long et large rabat rouge à base des plumes, d'un blanc pur, est encadré par une bande d'un gris noirâtre qui prend une teinte cendrée vers la poitrine ; toutes les parties supérieures, les ailes et la queue, sont d'un brun terre d'ombre uniforme ; mais toutes les plumes des ailes sont finement lisérées de roussâtre ; la poitrine et les flancs sont d'un brun olive roussâtre ; le milieu du ventre, l'abdomen et les couvertures de la queue d'un blanc isabelle. Iris et bec bruns, pieds gris. Longueur, six pouces. *Le vieux mâle.*

La vieille femelle a seulement la gorgerette marquée d'une faible nuance rouge ; le reste de la gorge et partie du devant du cou sont d'un blanc rose ; le lorum est gris, surmonté par un petit trait d'un blanc terne ; cette teinte forme aussi une tache à la commissure du bec ; on ne voit point d'encadrement à la gorge, et la poitrine est d'un olive grisâtre. Le reste est comme dans le mâle.

Les jeunes mâles ont la gorge et le devant du cou d'un rose clair, et j'en ai vu d'un rouge-jaunâtre. *En automne*, les belles et élégantes plumes rouges *du mâle* sont lisérées de blanc pur.

MOTACILLA-CALLIOPE. Pall. *Voy.* v. 3. *p.* 697. *sp.* 17. — Gmel. *syst.* 1. p. 977. — TURDUS KAMTSCHATKENSIS. Gmel. *syst.* 1. *p.* 817. — TURDUS CALLIOPE. Lath. *Ind. Ornit.* v. 1. *p.* 331. *sp.* 14. — RUBY-THROAT. Lath. *Syn.* v. 4. *p.* 463. *et supp.* v. 1. *p.* 140. *tab. du titre, le mâle.* — *Arctic. Zool.* v. 2. *p.* 343.

Habite la Sibérie, le Kamtschatka et le Japon ; visite la Crimée, et a été observé et tué dans les provinces de la Russie méridionale. Il se perche, dit-on, à la sommité des arbres, et chante agréablement. Son nom japonais est *Nogotto*.

Nourriture et *Propagation* inconnues.

Remarque. Le sujet tué en Crimée par Pallas ne diffère en rien de ceux du Japon. Je n'ai pas vu le sujet tué près de Moscou.

ACCENTEUR MOUCHET. — *A. MODULARIS.*

Ajoutez aux synonymes :

Atlas du Manuel, pl. lithog. — Pégot mouchet. Vieill. *Faun franç. p.* 195. *pl.* 89. *fig.* 2 *et* 3. — Roux. *Ornit. provenç. v.* 1. *p.* 313. *tab.* 205.—Passera scopacola. Savi. *Ornit. Tosc. v,* 1. *p.* 299. — Fichten und heckenflue-vogel. Brehm. *Vög. Deut. p.* 457 *et* 458. — Hecken brau-nelle. Naum. *Naturg. Neue Ausg. tab.* 92. *fig.* 3. *vieux,* *et fig.* 4. *jeune.*

ACCENTEUR MONTAGNARD.—*A. MONTANELLUS.*

Ajoutez aux synonymes :

Atlas du Manuel, pl. lithog. le mâle. — Motacilla monta-nella. Pall. *Voy. v.* 3. *p.* 695. *n°* 12.—Gmel. *Syst.* 1. *p.* 968. *sp.* 99. — Sylvia montanella. Lath. *Ind. Ornit. v.* 2. *p.* 526. *sp.* 60. — Sibirian - warblar. Id. *Syn. v.* 4. *p.* 456. — Schwartzköpfiger flüevogel. Meyer. *Ornit. Taschenb. v.* 3. *p.* 101. — Bergbraunelle. Naum. *Naturg. Neue Ausg. tab.* 92. *fig.* 2.

Habite la Sibérie ; vit dans la Russie européenne ; as-sez commun en Crimée en hiver ; de passage accidentel en Hongrie , et plus accidentellement encore dans le midi de l'Italie.

****

GENRE VINGT-QUATRIÈME.

BERGERONNETTE. — MOTACILLA.

Caractères. Voyez *Manuel*, vol. 1, page 252.

Dans ce genre, nous avons une espèce de plus à ajouter au catalogue européen ; elle a été long-temps méconnue, quoique très-commune et vivant dans les contrées les mieux explorées.

BERGERONNETTE LUGUBRE *. — *M. LUGUBRIS.*

Les trois quarts de la longueur de toutes les pennes et les couvertures moyennes des ailes d'un blanc parfait. Lorum noir.

Sommet de la tête, le lorum, les joues, tout le cou, la poitrine, le dos, les petites couvertures des ailes, les plus longues de celles-ci, le croupion et les huit pennes du milieu de la queue, d'un noir parfait; front, sourcils,

---

* Supprimez totalement les articles de la *livrée d'été* et *d'hiver* de cette espèce (*Manuel*, page 253), qui manquent de précision.

moyennes couvertures des ailes, bordures des
grandes, ventre et abdomen, les deux pennes
latérales de la queue et celles des ailes, depuis
la base jusqu'aux trois quarts de leur longueur,
d'un blanc parfait. Bec et pieds noirs ; iris
jaune. Longueur, sept pouces six lignes. *Le
mâle et la femelle en livrée parfaite d'été.*

Plumage parfait d'hiver.

Seulement le sommet de la tête, la nuque
et les petites couvertures des ailes, d'un noir
parfait ; le reste du dos d'un gris très-foncé ;
front, sourcils, joues, devant du cou, milieu
du ventre et abdomen d'un blanc pur ; flancs
cendrés ; sur la poitrine, un large hausse-col
noir, dont les bords remontent jusqu'aux
joues ; lorum et trait derrière les yeux, noirs.
Ailes et queue comme en été. — Les sujets tapi-
rés de noir et de gris sur toutes les parties supérieures, sont dans le passage d'une livrée à
l'autre.

Jeunes de l'année.

Lorum et trait derrière les yeux, noirs, *mais en
bande très-étroite.* Sommet de la tête et toutes les
parties supérieures jusqu'aux couvertures supérieures de la queue, d'un gris cendré ; collier de la

nuque très-étroit, en grande partie indiqué par des taches noires. Les couvertures des ailes toujours d'un blanc pur.

Ajoutez aux synonymes :

MOTACILLA LUGUBRIS. Pallas. *Faun. Rossica.*—SCHWARZE BACHSTELZE. Meyer. *Ornit. Taschenb. v. 3. p. 76. Copie du Manuel.*

Toutes les autres citations plus récentes ne sont pas de cette espèce, et doivent prendre rang comme *variété* de *Motacilla alba.* Voyez comme telles :

PIED WAGTAIL. Gould. *Birds. of Europ. part. 2.* — Roux. *Ornit. provenç. pl. 194. et Atlas du Manuel, pl. lith. sous le faux nom de* B. **lugubre.**

Remarque. Très-commun, surtout en hiver, au Japon, où il paraît que notre *Bergeronnette grise* n'existe point ; son nom japonais est *Sekirei ;* elle y a le même genre de vie que notre *Bergeronnette grise,* mais avec cette différence qu'elle fréquente habituellement les ruisseaux des vallées montueuses. L'espèce est aussi la même, et très-répandue en Crimée ; vit en Hongrie, se trouve en Égypte et accidentellement en Italie ; rare en Provence et même en Picardie, quelquefois plus vers le Nord, où elle paraît s'accoupler avec notre *Bergeron-*

nette grise, et produit alors des individus qu'on a peine
à reconnaître pour l'une ou pour l'autre espèce, et qu'on
est bien embarrassé de classer rigoureusement. J'ai fait
la même observation, qui m'a fourni les mêmes résultats, sur la *Fringilla cisalpina* et *domestica*, et sur *Corvus corone* et *cornix*. *Voyez* la *remarque* dans le premier
volume, p. 253.

Nourriture. Probablement comme toutes les espèces
de ce genre.

Propagation. Inconnue.

BERGERONNETTE GRISE.— *M. ALBA.*

*Point de grand espace blanc sur les ailes. Lo-
rum et joues d'un blanc parfait.*

Ajoutez aux synonymes :

Atlas du Manuel, *pl. lithog.* — Le HOCHEQUEUE LAVAN-
DIÈRE. Vieill. *Faun. franç.* p. 182. *pl.* 79. *fig.* 3. *adulte.
pl.* 80. *fig.* 1. *jeune.* — Roux. *Ornit. provenç. v.* 1.
p. 296. *tab.* 193. — WEISSE, NORDISCHE, WALD und
KURZSCHNÄBLIGE BACHSTELZE. Brehm. *Vög. Deut.* p. 347
à 349. — PIED WAGTAIL. Gould. *Birds of Europ. part.* 2.
— RINGASTA. Nilson. *Skandin. Faun. pl.* 68. *plumage
d'été.* — Naum. *tab.* 86.

Habite. M. Roux assure que cette espèce vit jusqu'en
Sibérie, au Kamtschatka, en Afrique et dans l'Inde. Il

est certain qu'elle n'a pas encore été trouvée au Japon, où la *Bergeronnette lugubre* est très-commune.

Remarque. On voit souvent dans nos climats des *Bergeronnettes grises* à plumage noir, qu'on produit sous le nom de *lugubris*. Les diagnoses que je donne ici suffisent pour la détermination spécifique.

BERGERONNETTE JAUNE ou BOARULE.

M. BOARULA.

Ajoutez aux synonymes :

Atlas du Manuel, pl. lith. l'adulte au printemps.— Naum. *Naturg. Neue Ausg. tab.* 87. — *La pl. enl. de Buff.* 28. *fig.* 1. est une BOARULE en habit d'hiver, *et la pl. enl.* 674. *fig.* 2., citée dans la synonymie de la PRINTANIÈRE, est une BOARULE en mue de printemps. — HOCHEQUEUE JAUNE. Vieill. *Faun. franç. p.* 184. *pl.* 81. *fig.* 1. *mâle en été, et fig.* 2. *femelle.*— Roux. *Ornit. provenç. v.* 1. *p.* 299. *tab.* 195. *mâle en été et en hiver.* — GEBIRGS und SCHWEFELGELBE BACHSTELZE. Brehm. *Vög. Deut. p.* 345. GREY WAGTAIL. Gould. *Birds. of Europ. part.* 1. *plumage d'été et d'hiver.*

Voyez *Manuel*, p. 258. Sous la rubrique *Habite*, j'ai dit : *répandue fort avant dans le Nord;* ce qui n'est pas exact. Les naturalistes du Nord assurent *qu'elle ne s'y trouve jamais;* car la *Motacilla boarula* de Linné, sur laquelle est fondée son existence dans le Nord , est une *Motacilla flava jeune.*

Ajoutez à l'*habitat :*

On trouve l'espèce à Java et à Sumatra ; nous venons de recevoir aussi des individus du Japon ; les uns et les autres ne diffèrent point de nos sujets d'Europe. Le nom japonais de la *Boarule* n'est pas indiqué.

BERGERONNETTE CITRINE. — *M. CITREOLA.*

Ajoutez aux synonymes :

Atlas du Manuel, pl. lith. le mâle.—GELBKÖPFIGE BACH-STELZE. Meyer. *Ornit. Taschenb. Deut. p.* 78. —YELLOW-HEADED WAGTAIL. Gould. *Birds of Europ. part.* 4. *mâle et femelle au printemps.*

Cette espèce se trouve indiquée dans le catalogue des oiseaux de la Ligurie, par le professeur Calvi, p. 37, où il est dit qu'un individu, probablement femelle, a été tué en 1821. L'opinion de M. Calvi sur la *Motacilla lugubris* n'est pas fondée, car l'espèce est certainement distincte de *M. Alba.* M. Gould a publié des

figures parfaites de cette belle espèce , sous le
nom de *Yellow headed wagtail* , et sur des sujets rapportés du Dunkan au Bengale ; ce qui
prouve son existence dans l'Inde.

BERGERONNETTE PRINTANIÈRE. — *M. FLAVA.*

J'ai obtenu des sujets dont le lorum, le bec et
les plumes du méat auditif, sont à peu près
noirs, et le cendré de la tête plus foncé. Cette
variété est désignée, par quelques naturalistes,
sous le nom de *Motacilla melanocéphala.*

Supprimez de la synonymie de cette espèce
la BERGERONNETTE DE PRINTEMPS des *planches enl.
de Buff.* 674. *fig.* 2 , qui est une figure exacte
de la BERGERONNETTE BOARULE en mue de printemps.

Ajoutez aux synonymes :

Atlas du Manuel, *pl. lith. le vieux mâle.* — HOCHEQUEUE
DE PRINTEMPS. Vieill. *Faun. franç.* p. 185. *pl.* 82. *fig.* 1, 2
et 3. — Roux. *Ornit. provenç. v.* 1. *p.* 300. *tab.* 196. *fig.* 1.
vieux mâle. 2. *jeune.* — GREY-HEADED WAGTAIL. (Motacilla neglecta.) Gould. *Birds of Europ. part.* 3. [*] —

---

[*] Nous ne voyons pas le motif qui a pu porter M. Gould à.

Nordische und Deutsche schafstelze. Brehm. *Vög.*
Deut. p. 343. — Gut-abta. Nilson. *Skandin. Faun. pl.* 47.
— Naum. *tab.* 88.

Remarque. M. Michaellis me dit que *Motacilla melanocephala et Foldeggü* ne sont que des variétés de *Motacilla flava ;* il conserve dans sa collection les individus
les plus marquans qui servent à constater ce passage ;
nous en avons reçu de semblables de Sicile et de Dalmatie, et j'en ai tué en Hollande. Le *Capicinanegro* de
M. Savi est aussi une *Bergeronnette printanière.*

Habite. Très-commun en Dalmatie, en Sardaigne,
en Sicile et sur les côtes de Barbarie. Se trouve au Japon et dans l'Inde ; suivant M. Gould, jusque sur les
monts Himalaya. L'espèce est exactement la même sous
ces climats différens.

Remarque. L'ornithologie européenne doit à M. Gould
la connaissance d'une espèce peu commune, qui n'a
point encore été observée sur le continent, ou bien
qu'on aura confondue avec la *flava* de Linné, si commune partout ; cette espèce, dont le naturaliste anglais

---

éloigner des synonymes de cette espèce l'indication latine de
Motacilla flava, sous laquelle elle est connue du nord au midi
de l'Europe, moins l'Angleterre, et à transporter ce nom à
une espèce jusqu'ici inconnue sur le continent, mais qui vit
en Angleterre, où Ray lui a appliqué le nom de *Motacilla
flava.*

Ray a fourni une description sous le nom de *Motacilla flava*, que Bewick indique sous ce nom, tout en la confondant avec la *Bergeronnette printanière*, M. Gould vient enfin de la déterminer d'une manière plus exacte.; il en fournit des figures parfaites avec une description soignée. Nous regrettons toutefois que ce naturaliste ait eu l'idée de conserver à cette espèce, nouvelle pour les naturalistes modernes, un nom adopté par Linné pour désigner l'espèce précédente, dont tous les auteurs anciens se sont servis, qui est sanctionné par le vulgaire, et noté dans tous les catalogues. Dans l'impossibilité où je me trouve de suivre en ceci l'opinion de mon savant ami, je propose, afin de changer le moins possible à la nomenclature de M. Gould, de substituer à ce nom de *Motacilla flava* celui de *flaveola;* ce qui suffira pour la distinguer de la *flava* de Linné et de tous les naturalistes, le seul Ray excepté. En faveur des motifs allégués, M. Gould voudra bien consentir à ce changement, que j'ose me permettre de faire en son nom.

BERGERONNETTE FLAVÉOLE.

MOTACILLA FLAVEOLA. (GOULD.)

Tout le sommet de la tête, la nuque, les parties supérieures du corps et les ailes d'un vert olivâtre pâle; au-dessus des yeux une longue et large bande d'un jaune pur : les plumes du dos et les scapulaires sont d'un olivâtre plus foncé que le sommet de la tête; rémiges noirâtres bordées de blanc jaunâtre ; queue noirâtre , les deux pennes du milieu nuancées d'olivâtre, et les deux pennes latérales , de chaque côté , d'un blanc pur sur leurs barbes extérieures ; les parties inférieures sont, sans exception , toutes d'un beau jaune. Bec et pieds noirs; iris d'un brun clair, l'ongle postérieur long et peu arqué. Longueur totale , six pouces trois ou quatre lignes. *Le vieux mâle au printemps.*

La femelle diffère par des teintes moins brillantes ; la couleur jaune des parties inférieures est moins pure.

MOTACILLA FLAVA. Ray. *Syn. pag.* 75. *a.* 2. — THE YELLOW WAGTAIL. Bawick *Brit. Birds. v.* 1. *p.* 229. *tab. Mais les synonymes cités de Linné et de Buffon appartiennent à l'espèce précédente.* — Gould. *Birds of Europ. part.* 3. *pl. fig.* 1 et 2. *le mâle et la femelle.*

Habite. Assez commun en Angleterre , peut-être aussi ailleurs ; mais il est certain que je ne la vis jamais sur le continent, depuis la Baltique jusqu'à la Méditerranée, où l'espèce précédente est si commune. — Arrive en Angleterre dès le commencement du printemps , vit dans les plaines , dans les prairies et sur les champs où les blés sont poussés.

Nourriture. Petites mouches , larves et chenilles.

Propagation. Niche à terre dans les blés; construit un nid de fibres lâches et d'herbes sèches entrelacées de poils; pond quatre ou cinq œufs d'un blanc roussâtre tacheté de brun jaunâtre.

∼∼∼∼∼∼∼∼∼

GENRE VINGT-CINQUIÈME.

PIPIT. — ANTHUS.

Caractères. Voyez *Manuel*, vol. 1, page 261.

PIPIT RICHARD *. — A. RICHARDI.

Toutes les parties supérieures du corps sont brunes, chaque plume est bordée de roussâtre; les joues sont d'un brun-roux; un trait blanchâtre, partant de l'œil, s'étend au-dessus de la région des oreilles; deux traits noirs, formés par une série de petites taches, prennent naissance au coin du bec; l'un de ces traits vient se confondre avec les taches noirâtres

---

* M. Roux donne la description de l'adulte que j'indique ici.

dont la poitrine est parsemée ; la gorge, les
côtés du cou et l'abdomen sont blancs, lavés
de roux sur les flancs et les couvertures du dessous de la queue ; les pennes de celles-ci noirâtres, à l'exception des deux latérales, qui sont
blanches à l'extérieur et brunes à l'intérieur ;
la première de ces pennes a la baguette blanche ; celle de la seconde est noire ; les grandes
couvertures et les rémiges sont brunes, bordées de roussâtre ; pieds couleur de chair ; ongle
du doigt postérieur très-long ; iris noir. *Le
vieux mâle.*

La vieille femelle a les parties inférieures
moins rousses que le mâle. C'est le *Fisto gavouetto* de Provence.

Le Pipit richard. Vieill. *Nouv. dict. d'hist. nat. vol.* 26.
p. 491.—Temm. et Laug. *planches coloriées d'Ois.* 101. —
Atlas du Manuel, pl. lithog. — Vieill. *Faun. franç. p.* 178.
pl. 181. *fig.* 1.—Roux. *Ornit. provenç. v.* 1. *p.* 290. *tab.* 189
et 190. — Brehm. *Vög. Deut. p.* 322. — Meyer. *Ornit.
Taschenb. v.* 3. *p.* 102.

Habite l'Espagne, le midi de la France et de l'Allemagne. De passage plus ou moins irrégulier en Provence ; tué en Picardie dans le mois d'octobre ; assez
commun dans les environs de Vienne en Autriche. Très-
accidentellement en Angleterre.

Nourriture. Probablement la même que les autres espèces de ce genre , insectes, larves et graines. Le cri
ressemble à celui de la Rousseline; il est fort, et l'oiseau le fait entendre en volant. Il ne se perche jamais.

Propagation. Les œufs , dit M. Roux , sont blancs ,
parsemés de nombreuses petites taches rougeâtres irrégulières.

PIPIT SPIONCELLE. — *A. AQUATICUS.*

Placez en tête de cet article :

*Ongle très-comprimé et long , noir ou noirâtre.
Plumage supérieur unicolore ; seulement quelques taches peu marquées sur le manteau.*

Remarque. Ce que j'ai dit relativement à la livrée de
printemps a été confirmé par les observations de
M. Meyer. En avril 1811 , dit ce naturaliste , je tuai un
mâle , et plus tard, en mai, quelques autres individus
à livrée ainsi colorée.

Sommet de la tête, nuque , manteau et dos
d'un cendré faiblement teinté de verdâtre ; sur
la tête quelques plumes rousses , et sur quelques plumes du dos des bordures roussâtres ;
la gorge blanche ; le devant du cou et la poitrine d'un jaune terne ; ces parties , sur les su-

jets tués en mai, sont d'un roux rougeâtre ;
une large bande blanche part de la base du
bec, passe au-dessus des yeux , et vient couvrir
le méat auditif ; la penne extérieure de la
queue porte une tache blanche conique sur la
barbe intérieure , mais toutes ses barbules extérieures sont blanches ; la seconde penne n'a
qu'une très-petite tache blanche à l'extrémité.
Longueur , six pouces trois lignes.

Meyer. *Ornit. Taschenb. Deut. v.* 3. *p.* 102.

Ajoutez encore aux synonymes des vieux en
automne et du jeune :

Atlas du Manuel , pl. lithog. le jeune. — Naum.
Naturg. Neue Ausg. tab. 85. *fig.* 2. *mâle en habit de noces.*
fig. 3. *en habit d'hiver , et fig.* 4. *jeune de l'année.* — Le
Pipit spipolette. Vieill. *Faun. franç. p.* 180. *pl.* 79. *fig.* 1
et 2. — Roux *Ornit. provenç. v.* 1. *p.* 294. *tab.* 192. *en
automne.*—Berg, Winter und Alpenwasserpieper. Brehm.
Vög. Deut. p. 328.   •

Remarque. L'oiseau figuré par M. Richardson , *Ornit.
boreal. Americ. p.* 231. *tab.* 44, et indiqué sous le nom de
Anthus aquaticus , est - elle une espèce différente , et
doit-elle obtenir une autre dénomination ?

Ajoutez à *habite :*

Vit jusqu'au Groenland , d'où j'ai reçu plusieurs in-

dividus en tout semblables à ceux de nos contrées.
Commun au Japon, où les individus ont le plumage un
peu plus foncé, et les taches des parties inférieures sont
un peu plus grandes ; ils ressemblent à nos sujets dans
le *jeune âge*. Son nom japonais est *Nohibari*. Vit en Suisse
et sur le Rhin.

PIPIT ROUSSELINE. — *A. RUFESCENS*.

M. Roux nous apprend que le Fist de Provence, figuré par *Buff. pl. enl.* 654. *fig.* 1.,
qu'on était embarrassé de rapporter aux espèces connues, n'est autre que *le Pipit rousseline* jeune de l'année ; car cet oiseau est connu
sous le nom de *Fist* dans toute la Provence. Les
Synonymes de Motacilla masciliensis de Gmel.
et Sylvia masciliensis. Lath. *Ind. Orn. v.* 2.
p. 531. *sp.* 85, doivent conséquemment être
placés sous la rubrique du jeune *Pipit rousseline*.

Ajoutez encore :

Atlas du Manuel, pl. lith. —Vieill. *Faun. franç. p.* 179.
pl. 78. *fig.* 2 et 3. — Roux. *Ornit. provenç. v.* 1. *p.* 292.
tab. 191.—Langschnäbliger kurzschnäbliger und Bogen-
schnäbliger brachpieper. Brehm. *Vög. Deut. p.* 324. —
Tawny-pipit. Gould. *Birds of Europ. part.* 7. — Naum.
Naturg. Neue Ausg. tab. 84. *fig.* 1.

Ajoutez à l'*habitat* :

Très-commun dans les États Romains, partout dans les champs labourés, de passage en Provence, où il habite les collines pierreuses et sablonneuses.

PIPIT FARLOUSE. — *A. PRATENSIS.*

Ajoutez : *A l'ongle du pouce plus long que ce doigt, et faiblement arqué. Plumage supérieur à étroites mèches frangées de verdâtre.*

Cette espèce, dit M. Roux, est nommée en Provence *Pivouettoun ;* elle ressemble au *Pipit des arbres*, notre *Pipit des buissons*, par la distribution des couleurs ; mais elles sont généralement plus verdâtres ; les taches du devant du cou et de la poitrine sont plus nombreuses, et celle-ci n'est à aucune époque colorée de jaune.

Remarque. Supprimez totalement de cet article la description *des vieux en livrée de noce ;* car c'est une espèce distincte. Voyez *Anthus rufogularis.*

Ajoutez aux synonymes :

Alauda sapiaria. Briss. *Ornit. v.* 3. *p.* 347. *sp.* 4. — Le Pipit des buissons. Vieill. *Faun. franç. p.* 177. *pl.* 77.

fig. 2 *et* 3. — Roux. *Ornit. provenç. v.* 1. *p.* 289. *tab.* 188.
— Pipit farlouse. *Atlas du Manuel, pl. lith. l'adulte.* —
Je présume aussi que M. Werner le peintre, éditeur
des figures de l'*Atlas du Manuel*, a été induit en erreur, et qu'il a pris, sans s'en apercevoir, pour
modèle de la planche suivante, ou de l'*Anthus arboreus*, un Pipit farlouse au lieu d'un Pipit des buissons. Je crois le fait certain, *relativement surtout à la
longueur de l'ongle du doigt postérieur.* — Æchter Moraït,
Dänicher und Wiesenpieper, et peut-être encore trois
ou quatre autres *subspecies*. Brehm. *Vög. Deut., p.* 331
et suivantes. Mais point son *Anthus rufogularis.* — Naum.
Naturg. Neue. Ausg. tab. 84. *fig.* 3. *mâle.*

Ajoutez à l'*habitat* :

Très-commun en Hollande, où il niche; vit
jusqu'au-delà du cercle arctique. En hiver,
très-abondant en Dalmatie et en Sicile, où il
vit par grandes troupes. On le voit toujours
perché sur une motte de terre, d'où il s'élève
à peu près perpendiculairement en chantant.
Paraît être très-commun au Japon, d'où nous
avons reçu des individus absolument semblables à ceux d'Europe.

PIPIT A GORGE ROUSSE.

ANTHUS RUFOGULARIS. (Bʀ.)

Ongle du pouce très-grêle , long , faiblement incliné ; plumage de toutes les parties supérieures en longues et larges mèches noires.

Sommet de la tête et nuque d'un brun clair fortement marqué de stries noires et très-rapprochées ; le manteau , tout le dos et les ailes en longues et larges mèches noires , lisérées de brun cendré ; lorum et méat auditif d'un brun clair ; sourcils, gorge et partie au-dessous du méat auditif d'un roux rougeâtre ; poitrine , partie supérieure du ventre et flancs couverts de grandes mèches et de petites taches noires , disposées sur fond blanc ou isabelle clair ; milieu du ventre et abdomen unicolores. Pennes de la queue comme dans le *Pipit farlouse.* Pieds d'un brun clair ; iris brun ; base de la mandibule inférieure jaunâtre. Longueur , cinq pouces deux ou trois lignes. *Les deux sexes en automne et en hiver.*

Les jeunes de l'année ont la gorge blanchâtre, encadrée par une zone de grandes et larges

taches très-rapprochées et noirâtres ; les mèches des parties supérieures et des flancs très-
grandes.

Le vieux mâle au printemps a de larges sourcils , toute la gorge et partie du devant du cou
d'un beau roux rougeâtre lie de vin ; sur la poitrine , une zone de petites taches lancéolées , et
des stries noires aux flancs ; toutes les parties
inférieures d'un isabelle pur ; tout le bec brun.

Remarque. Avant de bien connaître cette espèce par
la vue d'un assez grand nombre de sujets tués en Europe et comparés à ceux d'Égypte et de Syrie , je l'avais
confondue avec *Anthus pratensis.* La gorge est rousse
dans tous les temps , mais le jeune de l'année a la gorge
blanchâtre.

Savigny , *grand ouvrage d'Égypte , pl. color.* — Naum.
Nacht. Vög. Deut. tab. 8. *fig.* 16. — ANTHUS RUFOGULARIS.
Brehm. *Vög. Deut. p.* 340. *sp.* 12. — WIESENPIEPER
(Sommerkleid.) Naum. *Naturg. Neue Ausg. tab.* 85.
fig. 1.

Habite. Accidentellement de passage en Sardaigne ,
en Sicile et en Dalmatie ; plus rare en Allemagne ; très-
commun en Syrie et en Égypte.

Nourriture et *propagation* inconnues.

PARTIE IIIe.   13

PIPIT DES BUISSONS. — *A. ARBOREUS*.

Ajoutez :

A l'ongle du pouce plus court que ce doigt , et arqué de manière à former le quart de cercle. Seulement de petites mèches sur la tête et de faibles indices sur le manteau.

Le *mâle en été* a la gorge et partie du devant du cou jaune d'ocre clair.

M. Roux nous tire encore ici d'embarras sur la place que doit occuper le sujet des planches de Buffon. *Pivo ortolane* ou *Pivonetto* est , dit-il, le nom que porte ce Pipit en Provence. La Pivote ortolane de Buff. , *pl. enl.* 654. *fig.* 2. , est conséquemment un individu jeune, avant la mue, de notre *Anthus arboreus,* aussi représenté sous le nom de Farlouse sur la pl. enl. 660. fig. 1. — C'est le fidèle compagnon des Ortolans, avec lesquels il voyage non de concert, mais à la même époque.

Ajoutez aux synonymes :

Motacilla maculata. Gmel. ou Sylvia maculata. Lath. *Ind. Ornit. v.* 2. *p.* 532. *sp.* 86.—La Pivote ortolane. Buff.

pl. enl. 654. fig. 2. — Le Pipiᴛ des arbres. Vieill. *Faun.
franç. p.* 174. *pl.* 77. *fig.* 1. — Roux. *Ornit. prov. v.* 1.
p. 287. *tab.* 187. — Landholz, binsen und grassbaumpie-
per. Brehm. *Vög. Deut.* p.326. — Trad piplarka. Nilson.
Skandinav. Faun. pl. 64. — Naum. *Naturg. Neue Ausg.*
tab. 84. *fig.* 2. *mâle.*

Ajoutez à *habite :*

Vit aussi au Japon, où l'espèce est exactement la
même.

ORDRE QUATRIÈME.

GRANIVORES. — *GRANIVORES.*

Caractères. Voyez *Manuel*, page 273.

GENRE VINGT-SIXIÈME.

ALOUETTE. — *ALAUDA.*

Remplacez les caractères, Manuel, p. 274, par ceux-ci :

Bec cylindrique, en cône plus ou moins allongé, plus ou moins arqué ou droit ; mandibule supérieure voûtée, légèrement courbée, garnie à sa base de petites plumes dirigées en avant. *Narines* à la base du bec, arrondies, à demi closes par une membrane voûtée. *Pieds*, trois doigts devant et un derrière ; l'intermédiaire soudé à la base avec l'extérieur, totalement séparé de l'interne. *Ongle* postérieur droit, ou à peu près, acuminé, souvent plus long que ce doigt. *Ailes*, 1° rémige nulle ou presque nulle; 2° un peu plus courte que la 3ᵉ, qui est la plus longue; deux des secondaires, presque aussi allongées que les primaires.

On peut diviser ce genre en trois sections; la première, à bec plus long que la tête, forme le passage des *Pipits* aux *Alouettes proprement dites*, qui composent la seconde section, tandis que celles à bec plus bombé forment la troisième. Quelques naturalistes divisent ces groupes des Alouettes d'Europe en cinq genres.

Ces oiseaux. *Voyez* Manuel, *p.* 274.

PREMIÈRE SECTION.

Bec aussi long ou plus long que la tête, faiblement arqué.

ALOUETTE DUPONT.

ALAUDA DUPONTI. (Vieill.)

Bec de la longueur de la tête, grêle, un peu déprimé à la base, presque droit et fléchi à la pointe; queue médiocre, très-peu fourchue ou à peu près carrée. Ongle postérieur légèrement fléchi à la pointe.

Parties supérieures du corps, tête, nuque et ailes variées de roux et de brun; joues roussâtres; gorge d'un blanc pur; devant du cou, poitrine, ventre et flancs d'un isabelle roussâtre, toutes ces parties sont marquées de mèches noires longitudinales; cuisses, abdomen et couvertures inférieures dc la queue sans taches: queue à penne extérieure blanche, marquée sur la barbe intérieure par une large bordure noire; la seconde penne, qui est noire, se trouve bordée de blanc tout le long de la barbe extérieure; les troisième et quatrième sont totalement noires, et les quatre du milieu sont brunes. Bec noir; pieds couleur de chair; iris brun. Longueur, huit pouces, ou un peu moins.

Le plumage des jeunes diffère de celui de l'adulte, par de larges bordures de couleur isabelle clair, qui entourent toutes les plumes des parties supérieures; les taches ou mèches noires des parties inférieures sont plus larges que dans l'adulte. Longueur, sept pouces.

L'Alouette Dupont. Vieill. *Faun. franç. p.* 173. *pl.* 76. *fig.* 2. — Roux. *Ornit. prov. v.* 1. *p.* 285. *tab.* 186.

J'avais eu le projet de donner à cette espèce

le nom de *Sirlette*, pour faire apprécier les rapports qui existent entre cette espèce et l'*Alouette sirli* du Cap de Bonne-Espérance, dont elle paraît différer par la queue et par la coloration totale; mais nous préférons lui laisser le nom donné par M. Vieillot.

Habite la Syrie et quelques autres parties de la côte barbaresque; se montre dans les îles d'Hyères et en Provence, où M. Roux dit qu'on la voit accidentellement.

Nourriture et *propagation* inconnues.

ALOUETTE BIFASCIÉE.

ALAUDA BIFASCIATA. (Licht.)

Bec un peu plus long que la tête, large et triangulaire à la base, un peu fléchi vers la pointe; les doigts très-courts, et l'ongle postérieur faiblement courbé, seulement un peu plus long que ceux des autres doigts.

Un cendré isabelle couvre la tête et la nuque; un isabelle pur sur le dos, les grandes couvertures et les deux pennes du milieu de la queue; le méat auditif est caché par des plumes blanches et noires, et un petit trait noir se di-

rige vers l'angle du bec ; toutes les parties inférieures sont d'un blanc pur , toutefois excepté
quelques petites taches noires assez rares disposées sur la poitrine ; les pennes **secondaires**
des ailes , d'un blanc pur , portent **deux** bandes
transversales d'une teinte plus ou moins sombre : la base de quelques pennes secondaires
est blanche ; les rémiges et les pennes de la
queue sont noires , mais l'externe caudale est
liserée de blanc. Bec et pieds jaunâtres. Longueur , huit pouces cinq ou six lignes. *Les
sexes ne différent point.*

Alouette bifasciée. Temm. et Laug. *pl. col. d'oiseaux*
393. *l'adulte.* — Cretschm. *dans l'atlas du voyage de
Ruppel. p. 8. tab. 5.*

Habite. L'espèce doit être assez commune en Nubie.
J'en ai reçu de Tripoli ; on la dit abondante dans l'île
de Candie. Un sujet , que je n'ai pas vu en nature , a
été tué en Sicile, et on indique aussi la Provence
comme lieu d'apparition accidentel.

Nourriture et *propagation* inconnues.

DEUXIÈME SECTION.

Bec un peu grêle , à peu près droit , longi-
cône.

ALOUETTE A HAUSSE-COL NOIR.—*A. ALPESTRIS*.

Les jeunes de l'année manquent de hausse-col ; ils sont privés de jaune et de noir. Pendant la première année, le jeune mâle ressemble à la femelle.

Ajoutez aux synonymes :

Atlas du Manuel, pl. lithog. — Vieill. *Gal. des oiseaux. v.* 1. *p.* 256. *pl.* 158. — PHILEREMOS ALPESTRIS. Brehm. *Vög.Deut. p.* 313. — Naum. *Naturg. Neue Ausg. tab.* 99. *fig.* 1 *et* 2. *vieux et jeune mâle.* — SHORE LARK. Gould. *Birds of Europ. tab. part.* 7. *le très−vieux mâle et la femelle.*

Ajoutez à l'*habitat* :

Se trouve aussi en Angleterre et en Hollande , niche même dans les dunes de sable près de la mer; se répand en hiver dans les villages ; alors très-commun en Saxe , dans les plaines de la vallée du Rhin , et, selon M. le comte de Riocour , dans les environs de Nancy.

---

* Ce nom, quoique sanctionné, est peu analogue, vu que l'espèce n'habite jamais les Alpes, et n'y est même pas de passage.

ALOUETTE KOLLY.

ALAUDA KOLLYI (Mihi.)

Sommet de la tête, nuque, dos, ailes, couvertures supérieures de la queue et les deux
pennes du milieu sont d'un brun roussâtre
clair ; du brun foncé est distribué par grandes
mèches le long des baguettes ; elles forment des
taches ou des ombres longitudinales sur toutes
les plumes de ces parties ; un trait isabelle passe
sur les yeux ; du noir couvre le lorum, garnit
les bords latéraux de la base du bec, et se di-
late au-dessous de la mandibule inférieure en
une large tache qui forme moustache ; quelques
petites taches sur les côtés du cou sont faiblement indiquées par du noirâtre terne ; le milieu de la gorge, le devant du cou et la partie
médiane du ventre sont d'un blanc pur ; la
poitrine et les flancs sont lavés d'isabelle plus
ou moins roussâtre ; rémiges cendrées à penne
extérieure lisérée d'isabelle ; pennes latérales
de la queue d'un noir parfait, la première
marquée par une tache conique isabelle, et la
seconde lisérée de cette couleur. Bec et pieds
d'un blanc jaunâtre. Longueur, six pouces.

Temm. et Laug. *pl. col. d'oiseaux.* 3o5. *fig.* 1.

L'individu décrit et figuré a été pris dans les filets d'alouette près de Dijon, et porté à M. Kolly de cette ville. C'est à quoi se borne ce que nous pouvons donner de positif sur l'*habitat* et sur l'histoire de cette espèce.

ALOUETTE DES CHAMPS. — *A. ARVENSIS.*

Ajoutez :

Atlas du Manuel, pl. lith. — Alouette commune. Vieill. *Faun. franç. p.* 168. *pl.* 73. *fig.* 2 et 3. — Roux. *Ornit. provenç. v.* 1. *p.* 277. *tab.* 180 *et tab.* 181. *variété noire et isabelle sans taches.* — Saat, Berg, Feld und Acker-lerche. Brehm. *Vög. Deut. p.* 318. — Naum. *Naturg. Neue Ausg. tab.* 100. *fig.* 1.

Habite aussi la Morée. Une espèce très-voisine du Japon est différente.

ALOUETTE LULU. — *A. ARBOREA.*

Plumes de la tête un peu allongées ; la queue courte et parfaitement carrée, les pennes en sont terminées par une tache blanche triangulaire ; les deux intermédiaires en sont privées.

Ajoutez aux synonymes :

*Atlas du Manuel , pl. lith. — A*LAUDA NEMOROSA. *Vieill.*
Faun. franç. p. 170. *pl.* 75. *fig.* 1. *jeune , et pl.* 74.
fig. 3. *adulte. —* Roux. *Ornit. provenç. v.* 1. *p.* 281.
tab. 183. — GALERIDA ARBOREA et NEMOROSA. Brehm.
Vög. Deut. p. 316. — HAIDE LERCHE. Naum. *Naturg.*
Neue Ausg. tab. 100. *fig.* 2.

A *l'habitat*, rayez du Manuel, p. 284, lig. 12 :
vit dans les champs , etc. , et mettez :

Vit le plus habituellement dans les clairières des
grandes forêts , surtout lorsqu'elles sont couvertes de
bruyères , et à la lisière des bois dans le voisinage des
plaines. C'est ordinairement sur quelque branche
morte d'un arbre élevé que le mâle fait entendre sa
voix.

ALOUETTE COCHEVIS. — *A. CRISTATA.*

Tête à huppe très-apparente ; les pennes de la
queue noirâtres, les deux intermédiaires brunes ,
la plus latérale rousse , la seconde seulement bor-
dée de cette couleur.

Ajoutez aux synonymes :

Atlas du Manuel, pl. lith. — Vieill. *Faun. franç. p.* 171.
pl. 75. *fig.* 2 *et* 3. — Roux. *Ornit. provenç. v.* 1. *p.* 283.

tab. 184. — Ostliche westliche und boctgraue hauben-
lerche. Brehm. *Vög. Deut.* p. 315. — Naum. *Naturg.*
Neue Ausg. tab. 99. *fig.* 1. *mâle.*

La coquillade de Buffon est le jeune âge de
cette espèce. Elle se trouve aussi en Morée.

ALOUETTE CALANDRELLE.—*A. BRACHIDACTYLA.*

Ajoutez aux synonymes :

Atlas du Manuel, *pl. lith.* — Alauda arenaria. Vieill.
Faun. franç. p. 169. *pl.* 74. *fig.* 1 et 2. — Roux. *Ornit.*
provenç. v. 1. p. 279. *tab.* 182. — Kurzzehige lerche.
Meyer. *Ornit. Taschenb. v.* 3. p. 104. — Melanocorypha
itala et brachydactyla. Brehm. *Vög. Deut.* p. 311. —
Naum. *Naturg. Neue Ausg. tab.* 98. *fig.* 2.

Remarque. Les membres de l'expédition scientifique en
Morée ont trouvé dans cette contrée une *Alouette* très-voisine de la *Calandrelle*, que M. Isidore Geoffroy de Saint-
Hilaire, qui a comparé l'individu rapporté et figuré dans
l'*Atlas pl.* 4. *fig.* 1., juge être peu différente de notre *Ca-*
landrelle. Je ne saurais me permettre aucune opinion décisive sur l'identité ou la disparité de cet individu que je
n'ai pas vu en nature ; mais à juger par la figure, je
serais très-porté à douter de cette identité. Car il me
paraît que la *Calandrelle de Morée* est plus robuste, le
bec est plus long, la tête porte une huppe ou touffe occi-

pitale ; la queue est plus fourchue , et les pennes secondaires sont plus longues. M. Geoffroy dit que l'individu
tué en Morée a le dessus du corps d'un roux plus vif ,
les taches irrégulières du plumage plus foncées , la poitrine et les sourcils fauve clair, et les plumes de l'occiput plus longues que dans les sujets de la *Calandrelle* de
France et d'Italie. Si nous eussions pu comparer les âges
et les sexes, nous aurions pu prononcer sur l'identité ou
la différence spécifique. (Voyez *Ois. de Morée*, p. 52.)

On trouve cette alouette dans les plaines de Mégalo-
polis.

Il est *possible* que cette alouette soit la même que
celle qu'on trouve au Japon. Pour s'en assurer , il faudrait comparer les sujets des deux pays.

TROISIÈME SECTION.

Bec gros , robuste, plus haut que large.

ALOUETTE CALANDRE. — *A. CALANDRA*.

Ajoutez aux synonymes :

Atlas du Manuel, pl. lith.—Vieill. *Faun. franç*. p. 172.
pl. 76. *fig.* 1. — Roux. *Ornit. prov. v.* 1. *p.* 284. *tab.* 185.
adulte et jeune. — KALENDERLERCHE. Naum. *Naturg. Neue
Ausg. tab.* 98. *fig.* 1. — GROSSE und KLEINE KALENDER-
LERCHE. Brehm. *Vög. Deut. p.* 309.

A l'article *propagation* , mettez que les œufs sont d'un blanc jaunâtre , marqués de points rougeâtres et de taches arrondies grisâtres.

ALOUETTE NÈGRE. — *A. TATARICA.*

Ajoutez aux synonymes :

ALAUDA NIGRA. Falk. *Beiträge v.* 3. *p.* 393. *tab.* 27. *la femelle.* — ALAUDA GOLTONIENSIS. Lath. *Ind. Ornit. v.* 2. *p.* 496. *sp.* 16. — ALOUETTE DE TARTARIE. Vieill. *Galerie des Oiseaux. v.* 1. *p.* 259. *pl.* 160. *le mâle adulte.*—*Atlas du Manuel , pl. lith. le jeune de l'année.* — SCHWARZE LERCHE. Meyer. *Ornit. Taschenb. v.* 3. *p.* 103.—STOPPEEN AMMER-LERCHE. Brehm. *Vög. Deut. p.* 312.

GENRE VINGT-SEPTIÈME.

MÉSANGE. — *PARUS.*

Caractères. Voyez *Manuel,* page 286, et ajou-tez :

Les *Mésanges* forment , après les couvées, des bandes nombreuses composées d'une ou de deux familles; elles se rappellent sans cesse, se réunissent un instant, et se quittent de nouveau pour se rapprocher encore. Les unes

aiment les bois , d'autres se plaisent dans les
lieux marécageux; plusieurs mettent beaucoup
d'art dans la construction de leur nid ; elles
sont très-fécondes , et nourrissent leur nombreuse famille avec zèle et une activité infati-
gable.

On trouve des mésanges dans toutes les parties du monde , excepté dans le sud des deux
continens.

M. Brehm range nos *Parus* d'Europe en
quatre genres et cinq familles.

PREMIÈRE SECTION.

SYLVAINS.

MÉSANGE CHARBONNIÈRE. — *P. MAJOR.*

Ajoutez aux synonymes :

Atlas du Manuel, pl. lith. le mâle.—Vieill. *Faun. franç.*
p. 98. *pl.* 47. *fig.* 4. — Roux. *Ornit. provenç. v.* 1. *p.* 186.
tab. 118. *mâle , et tab.* 117. *jeune.* — GREAT TIT. Gould.
Birds of Europ. part. 8. — PLATT und HOCHKÖPFIGE FINKEN-
MEISE. Brehm. *Vög. Deut. pl.* 461. — Naum. *Naturg.*
Neue Ausg. tab. 94. *fig.* 1.

Ajoutez à *habite :*

Vit aussi en Morée et jusqu'au Japon , où elle porte le nom de *Sirugara.*

MÉSANGE PETITE CHARBONNIÈRE. — *P. ATER.*

Ajoutez aux synonymes :

Atlas du Manuel , pl. lithog. — Vieill. *Faun. franç.* p. 100. *pl.* 47. *fig.* 2.—Roux. *Ornit. provenç. ð.* 1. *p.* 188. *tab.* 119.— Grosse und kleine tannenmeise. Brehm. *Vög. Deut. p.* 466. — Swärt mes. Nilson. *Skandinav. Faun. pl.* 252. *fig.* 1.— Naum. *Neue Ausg. tab.* 94. *fig.* 2.

Les bandes nombreuses de cette espèce s'associent ordinairement à celles des *Roitelets ;* aussi leur cri d'appel ressemble-t-il beaucoup à celui des deux espèces du genre *Regulus.* Vit aussi au Japon.

MÉSANGE BLEUE. — *P. CÆRULEUS.*

Ajoutez aux synonymes :

Atlas du Manuel, pl. lithog.—Vieill. *Faun. franç. p.* 101. *pl.* 48. *fig.* 1 et 2. — Roux. *Ornit. provenç. v.* 1. *p.* 190. *tab.* 120 bis. — Blaue und blauliche meise. Brehm. *Vög.*

Deut. p. 462.—**Blamies.** Nilson. *Skandinav. Faun. pl.* 252.
fig. 2. — Naum. *Neue Ausg. tab.* 95.

Ajoutez à l'*habitat :*

Se trouve aussi en Morée et au Japon.

MÉSANGE BICOLORE.

PARUS BICOLOR. (Linn.)

Les plumes du sommet de la tête allongées,
acuminées et se redressant en forme de huppe.
Une tache noire au front; la huppe et toutes
les parties supérieures d'un gris bleuâtre ou
couleur de plomb, plus foncée dans le mâle
que chez la femelle; gorge, devant du cou et
parties inférieures d'un blanc roussâtre, plus
foncé sur les flancs, et tirant au rougeâtre sur
les couvertures inférieures de la queue; ailes
et pennes caudales bordées de gris roux. Iris
noisette; bec et pieds gris de plomb. Longueur,
cinq pouces quatre ou six lignes. *Le mâle.*

La femelle a les teintes grises moins sombres
et l'abdomen blanchâtre.

Parus bicolor. Linn. Gmel. *syst.* 1. *p.* 1005. — *Faun.*
Groenl. p. 123. *n°* 84 — Lath. *Ind. Ornit. v.* 2. *p.* 567.

sp. 13. — Briss. *Ornit. v.* 3. *p.* 561. — Mésange huppée de la Caroline. Buff. *Ois. v.* 5. *p.* 451. — Crested or toupet titmouse. Catesb. *Carol. v.* 1. *tab.* 57. — Lath. *syn. v.* 4. *p.* 544. — *Arctic. Zool. n°* 324. — Wils. *Americ. Birds. v.* 1. *pl.* 8. *fig.* 5. — Zweifarbige meise. Meyer. *Ornit. Taschenb. v.* 3. *p.* 105.

Habite l'Amérique boréale, le Groenland et quelques autres parties du cercle arctique; arrive accidentellement, quoique assez souvent, dans le nord de l'Europe, en Suède; et a été trouvée plusieurs fois en Danemark.

Nourriture. Insectes et semences des arbres fruitiers.

Propagation. Les naturalistes du Nord et ceux de l'Amérique disent qu'elle niche dans un trou d'arbre, que quelquefois elle creuse elle-même; pond six œufs d'un blanc pur, avec de petites taches rouges vers le gros bout.

MÉSANGE HUPPÉE. — *P. CRISTATUS.*

Ajoutez aux synonymes :

Atlas du Manuel, pl. lithog.—Vieill. *Faun. franç. p.* 102. *pl.* 48. *fig.* 3. — Roux. *Ornit. provenç. v.* 1. *p.* 192. *tab.* 121. — Deutsche und nordische haubenmeise. Brehm. *Vög. Deut. p.* 467. — Naum. *Neue Ausg. tab.* 94. *fig.* 3.

J'ai dit, à l'article *habite*, que cette espèce
est commune partout ailleurs qu'en Hollande :
il convient de mettre qu'elle est rare partout
dans le centre, et plus rare encore dans le midi
de l'Europe ; elle n'est nulle part en grand
nombre et ne se montre le plus souvent,
comme le *Jaseur* et quelques autres oiseaux,
que durant les hivers très-rigoureux ; elle visite
alors les forêts de pins et de sapins.

MÉSANGE NONNETTE. — *P. PALUSTRIS.*

Ajoutez aux synonymes :

Atlas du Manuel, pl. lithog. — Vieill. *Faun. franç.*
pl. 47. *fig.* 3. — Roux. *Ornit. provenç. v.* 1. *p.* 189.
tab. 120.—Sumpf und weidenmeise. Brehm. *Vög. Deut.*
p. 464. — Naum. *Naturg. Neue Ausg. tab.* 94. *fig.* 4.

MÉSANGE LUGUBRE. — *P. LUGUBRIS.*

La femelle a les teintes moins pures que *le*
mâle, et elle est décrite dans le *Manuel.*

Le vieux mâle a le noir de la gorge plus
étendu sur le devant du cou ; cette teinte et
celle de la calotte d'un noir plus profond, et
les parties blanches du plumage plus pures.

Ajoutez aux synonymes :

Sturm. *Faun.* — Trauermeise. Meyer. *Ornit. Taschenb.*
v. 3. *p.* 106. — *Atlas du Manuel*, *pl. lithog. la femelle.*
— Sombre tit. Gould. *Birds of Europ. part.* 7. *le vieux*
mâle.

MÉSANGE A CEINTURE BLANCHE.—*P. SIBIRICUS*

Ajoutez aux synonymes :

Atlas du Manuel, pl. lithog. , *avec cette remarque :* que la
couleur roussâtre des flancs manque dans cette figure ,
et que celle de l'abdomen et des couvertures inférieures
est trop chargée. La queue doit être un peu plus longue
et plus étagée. — Schwarzkehlige meise. Meyer. *Ornit.*
Taschenb. v. 3. *p.* 106. — Siberian tit. Gould. *Birds of*
Europ. part. 7. *figure exacte.*

MÉSANGE AZURÉE. — *P. CYANUS.*

Sur les parties inférieures , qui sont d'un blanc
pur , existe une tache d'un bleu pur occupant le
milieu de la poitrine ; le bec est gros et fort.

Ajoutez aux synonymes :

Atlas du Manuel, pl. lithog. , *figure très-exacte.*—Vieill.

Galerie des Oiseaux. v. 1. *p.* 87. *pl.* 68. *le mâle.* — Naum. *Naturg. Neue Ausg. tab.* 95. *fig.* 3. — Die Lazurmeise. Brehm. *Vög. Deut.* p. 463. — Parus cyanus. Nilson. *Faun. suec. p.* 271.

MÉSANGE A LONGUE QUEUE. — *P. CAUDATUS.*

Ajoutez aux synonymes :

Atlas du Manuel, pl. lithog. la femelle. — Vieill. *Faun. franç. p.* 103. *pl.* 49. *fig.* 1 *et* 2.—Roux. *Ornit. provenç. v.* 1. p. 193. *tab.* 122. *mâle.* — Long-tailed tit. Gould. *Birds of Europ. part.* 8. — Grossschäblige und kleinschnäblige schwanzmeise. Brehm. *Vög. Deut.* p. 470. — Naum. *Naturg. Neue Ausg. tab.* 95. *fig.* 4, 5 *et* 6.

Vit jusqu'au Japon , où l'espèce est exactement la même ; son nom est *Jenaga.*

DEUXIÈME SECTION.

RIVERAINS.

Voyez *Manuel*, p. 298.

MÉSANGE MOUSTACHE. — *P. BIARMICUS.*

Ajoutez aux synonymes :

Atlas du Manuel, pl. lithog. le mâle. — Vieill. *Galerie des*

Oiseaux. v. 1. *p.* 91. *pl.* 70. — Id. *Faun. franç. p.* 105.
pl. 5o. *fig.* 2 *et* 3. — Roux. *Ornit. provenç. v.* 1. *p.* 195.
tab. 123 *et bis.* — Russische, östliche, nordische und
zahnschäblige * bartmeise. Brehm. *Vög. Deut. p.* 472.
L'auteur cité en fait le genre *Mystacinus.* — Bearded
tit. (Calamophilus biarmicus) Gould. *Birds of Europ.*
pl. part. 4. *mâle et femelle.* — Naum. *tab.* 96.

Habite, en Italie, les marais d'Ostia, où elle est aussi
commune que dans certains marais de la Hollande,
près de Rotterdam.

Remarque. Quelques naturalistes font de l'espèce suivante un genre distinct, sous la dénomination de *Pen-*
dulinus. Une telle coupe est motivée ; car il faut convenir que le bec de cette espèce est différent de celui des
vraies Mésanges ; ses mœurs, ses habitudes et l'art
qu'elle met dans la construction du nid, semblent lé-
gitimer une telle coupe. Nous en formons une section :
ce qui revient à peu près au même.

---

* Cette espèce, ou subespèce, de M. Brehm, est établie
sur des sujets long-temps captifs, tels qu'on en voit en Hollande au marché, où il s'en vend un grand nombre en cage.

TROISIÈME SECTION.

PENDULINES.

Bec droit, effilé et aigu.

MÉSANGE RÉMIZ. — *P. PENDULINUS.*

'Ajoutez aux synonymes.

Atlas du Manuel, pl. lithog. le mâle.—Vieill. *Faun. franç*. *p.* 103. *pl.* 50. *fig.* 2 *et* 3. — Id. *Galerie des Oiseaux. v.* 1. *p.* 91. *pl.* 70. — Roux. *Ornit. provenç. v.* 1. *p.* 196. *tab.* 124. *mâle adulte et jeune, et* 124 *bis jeune variété.* — — POLNISCHE, MITTLERE und LANGSCHWÄNZIGE BEUTEL- MEISE. Brehm. *Vög. Deut. p.* 476.—Naum. *tab.* 97.

Niche en Autriche, le long des bords du Danube.

GENRE VINGT-HUITIÈME.

BRUANT. — EMBERIZA.

Caractères. Voyez *Manuel*, page 302.

Je subdivise ce genre, comme précédem- ment, en deux sections ; car les Bruants à ongle

postérieur un peu plus long que ceux des autres doigts, ne diffèrent pas assez essentiellement de leurs congénères, pour les en séparer
totalement.

PREMIÈRE SECTION.

BRUANS PROPREMENT DITS.

BRUANT CROCOTE. — *E. MELANOCEPHALA.*

Le mâle, en automne, a les plumes noires de
la tête terminées par un liséré brun, et le jaune
de la poitrine est moins pur.

Ajoutez aux synonymes :

Atlas du Manuel, pl. lithog. le mâle.— *Expédition scientifique de Morée, pl. 4. fig. 2. le vieux mâle au printemps.* —
Roux. *Ornit. provenç. supp. v.* 1. *p.* 379. *tab.* 104 *bis. le
mâle.* 104 *ter. la femelle.* — Tanagra melanictera. Lath.
Ind. Ornit. v. 1. *p.* 423. *sp.* 12. — Guldenst. *Nov. com.
petr. v.* 19. *p.* 465. *tab.* 13 *et* 14. — Schwarzköpfiger
ammer.—Meyer. *Ornit. Taschenb. v.* 3. *p.* 61.—Brehm.
Vög. Deut. p. 293. — Kappenammer. Naum. *Naturg.
Neue Ausg. tab.* 101. *fig.* 2. *vieux mâle.*

Ajoutez :

Habite au Caucase ; commun aux environs de Tiflis, rarement en Lombardie, s'égare jusqu'en Provence et en Saxe. Vit sur les amandiers et les figuiers, à la cime desquels il se perche. Il porte en Dalmatie le nom d'*Ortolano*. Très-commun dans toutes les parties de la Morée ; accidentellement aux environs de Vienne.

BRUANT JAUNE. — *E. CITRINELLA.*

Chez le vieux male, le jaune est plus étendu et moins mélangé de taches olivâtres qu'on remarque sur la tête, les joues, la gorge et l'abdomen des *jeunes*. Ceux-ci, *avant la mue*, n'ont point de jaune à la tête. Cette partié est tachetée de noirâtre, ainsi que tout le reste du plumage, dont le fond est d'un blanc jaunâtre.

Ajoutez :

Atlas du Manuel, pl. lithog. le vieux mâle. — Vieill. *Faun. franç.* p. 89. *pl.* 43. *fig.* 1, 2 et 3. — Roux. *Ornit. prov.* v. 1. p. 170. *tab.* 104.—Feld, wald und nordischer goldammer. Brehm. *Vög. Deut.* p. 294.—Naum. *Naturg. Neue Ausg. tab.* 102. *fig.* 1 et 2. *mâle et femelle.*

Remarque. Une espèce très-voisine de celle-ci pour toutes les teintes du plumage, vit au Japon ; mais elle est caractérisée spécifiquement par une queue plus courte, arrondie, et par un petit masque noir qui entoure le bec du mâle. Je désigne cette espèce sous le nom de *Emberiza personata.*

BRUANT PROYER. — *E. MILIARIA.*

Ajoutez aux synonymes :

Atlas du Manuel, pl. lithog. —Vieill. *Faun. franç. p.* 92. *pl.* 44. *fig.* 3. — Roux. *Ornit. provenç. v.* 1. *p.* 174. *tab.* 108.—Nordischer deutscher und fremder grauammer. Brehm. *Vög. Deut. p.* 291. — Naum. *Naturg. Neue Ausg. tab.* 101. *fig.* 1.

Habite. Vit partout dans les terrains gras et d'argile. Se trouve aussi en Morée.

BRUANT DE ROSEAUX. — *E. SCHOENICLUS.*

Bec grêle , à peu près droit, aussi large que haut ; arête supérieure légèrement fléchie ; taille moindre que la race suivante.

Remarque. Placez cette diagnose en tête de la description de l'*Emberiza schœniclus* , pour servir à reconnaître , du premier coup d'œil , cette race de la suivante.

Ajoutez aux synonymes :

Atlas du Manuel, pl. lithog. le mâle au printemps. —Vieill. *Faun. franç. p.* 95. — Roux. *Ornit. provenç. v.* 1. *p.* 180. *tab.* 113 *et* 114. *mâle et femelle.* — TEICH und NORDISCHER ROHRAMMER. Brehm. *Vög. Deut. p.* 301. — Naum. *Naturg. Neue Ausg. tab.* 105. *fig.* 1 *et* 2. *vieux au printemps, fig.* 3. *le mâle en hiver,* et *fig.* 4. *la jeune femelle en automne.*

BRUANT DE MARAIS.

EMBERIZA PALUSTRIS. (Savi.)

Bec court , gros et fort, très-courbé et un peu bombé. Taille un peu plus forte que la race précédente.

Remarque. Les caractères indiqués en *italique* sont à peu près les seuls qui soient différentiels entre *E. Schœniclus* et *Palustris.* Il serait inutile de donner la description du plumage ; il faudrait presque répéter mot pour mot ce qui a été dit à l'article du *Bruant de roseaux.* On peut dire seulement que les couleurs du *Bruant de marais* sont plus vives et plus tranchées , et que le collier blanc de la nuque est plus large. J'ai sous les yeux plusieurs dépouilles de ce *Bruant de marais*, d'âge et de sexes différens.

M. Cantraine me dit, dans ses notes : « Je

ne sais si cette espèce est distincte, car on trouve des individus qui offrent le passage à l'*Emberiza schœniclus*, et dont le bec est moins gros. » M. Savi, pour étayer son espèce, dit qu'on ne la trouve jamais avec le *Schœniclus*, et qu'elle niche en Toscane. Je ne nierai point cette dernière assertion ; quant à la première, je puis assurer qu'elle est complètement fausse ; car je trouvai ce Bruant, en mars, dans les marais d'Ostia, où il vivait en grand nombre et en société avec le *Bruant des roseaux*, et j'en tuai des uns et des autres. Quant à sa propagation, j'ignore où elle se fait, et puis dire seulement qu'elle ne niche pas dans les États romains ; car, dans les derniers jours d'avril, me rendant encore dans les marais d'Ostia, où j'avais tué ces oiseaux en mars, le *Palustris* ni le *Schœniclus* ne s'y trouvèrent plus.

M. **Roux** (*Ornit. provençale, v.* 1. *Suppl. p.* 380) est d'un avis opposé. « Cette nouvelle espèce, dit-il, ne peut nullement être confondue avec le *Bruant des roseaux*, dont elle diffère essentiellement par la grosseur et la forme du bec, qui, dans l'espèce dont il s'agit, est fort, bombé et raccourci, tandis qu'il est grêle et pointu dans l'autre. » Ces dissemblances avaient également frappé M. Savi, qui, m'ayant fait part de ce qu'il en pensait, est convenu avec moi de nommer *Emberiza palustris* ce Bruant, auquel je rapporte, avec un léger doute, Emberiza atrata de Raffinesque (*Caratteri di alcuni nuovi generi*, page 6.) *Voyez* aussi les figures que M. Roux donne de cet oiseau, *Ornit. provenç. tab.* 114 *bis.*

M. Brehm paraît avoir eu cet oiseau en vue dans la diagnose de son Schilfrohrammer, *page* 302, *n°* 2 ; mais il le dit plus petit que le *Schœniclus*, tandis que ceux des marais d'Ostia, que M. Cantraine a rapportés de son voyage, sont bien plus vigoureux. Dans toutes leurs dimensions, six pouces quatre lignes.

A mon avis, il en est de cet oiseau comme de tant d'autres animaux des différentes contrées du globe, qui offrent souvent des caractères distincts, surtout à la vue seulement de quelques échantillons, mais qu'on est forcé de rapporter à une même souche primordiale, lorsqu'on parvient à comparer les individus en nombre très-considérable.

Quelques espèces d'oiseaux d'Europe nous

en fournissent également la preuve; comme, par exemple, *Fringella domestica* et *cisalpina*.

M. Roux établit la description et la figure qu'il donne de cette espèce sur un sujet en *plumage d'automne*.

« Le mâle, dit-il, a le dessus de la tête, ses côtés, la gorge et le devant du cou d'un noir profond, à bord terminal des plumes d'un roux-brun. Une bande d'un blanc roussâtre, partant de la naissance de la mandibule inférieure, s'étend le long du cou, et vient, en forme de collier, se fondre sur la nuque. Toutes les plumes du dos, les couvertures des ailes et les deux rectrices intermédiaires noirâtres au centre, et d'un roux - fauve sur les bords, très-ardent sur les scapulaires; toutes les parties inférieures d'un blanc lavé de roussâtre. Rectrices brunes, bordées d'une teinte plus claire, excepté les deux latérales, qui sont extérieurement lisérées de blanc pur, et qui ont la moitié de leurs barbes intérieures de cette couleur; bec et pieds d'un brun noirâtre. — La *femelle* a le dessus de la tête roussâtre, ainsi que toutes les autres parties supérieures du corps; le milieu des plumes de l'occiput,

du dos , des couvertures des ailes et des rectrices, est d'un brun prononcé ; une bande de
cette dernière couleur couvre les joues ; une
autre, partant de la naissance de la mandibule
inférieure , entoure la gorge , qui est lavée de
roussâtre , de même que la poitrine et les flancs.
Ces deux dernières parties sont parsemées de
traits bruns allongés ; le ventre , l'abdomen et
les couvertures inférieures de la queue sont
blanchâtres. »

BRUANT A COURONNE LACTÉE.—*E. PITHYORNUS*.

Ajoutez aux synonymes :

Atlas du Manuel, pl. lithog. le vieux mâle. — Passer
sclavonicus. Briss. *Ornit. v.* 3. *p.* 94. *la femelle.*—Fishten-
ammer. Meyer. *Ornit. Taschenb. v.* 3. *p.* 62.—Naum. *Neue
Ausg. tab.* 104. *fig.* 3. *le vieux mâle.*—Weissscheiteliger
ammer. Brehm. *Vög. Deut. p.* 299.

Un individu de cette espèce a été pris , dans
l'automne de 1824 , près de Vienne.

BRUANT ORTOLAN. — *E. HORTULANA.*

Ajoutez aux synonymes :

Atlas du Manuel, pl. lithog. le mâle.—Vieill. *Faun. franç.*
p. 97. *pl.* 46. *fig.* 3. *mâle en été.* — Roux. *Ornit. provenç.*
p. 183. *tab.* 115. *mâle et femelle* , *et pl.* 116. *variété.* —
Deutscher und fremder festammer. Brehm. *Vög. Deut.*
p. 295. — Naum. *Naturg. Neue Ausg. tab.* 103. *mâle*,
femelle et variété. — Ortolan bunting. Gould. *Birds of*
Europ. part. 6. *mâle et femelle.*

Habite. Plusieurs individus ont été pris en Angleterre.

A l'article *propagation* , mettez que les œufs
sont d'un blanc bleuâtre marqué de taches et
de points noirs.

BRUANT CENDRILLARD.

EMBERIZA CÆSIA. (Cretschm.)

Sommet de la tête, nuque, joues, côtés du
cou et un large ceinturon sur la poitrine, d'un
beau cendré bleuâtre ; front, lorum, moustache et gorge d'un roux clair ; ventre et toutes
les autres parties inférieures d'un roux de

Partie IIIᵉ.,   15

rouille ; manteau , dos et couvertures d'un brun roussâtre ; mais chaque plume marquée d'une mèche noire le long des baguettes , excepté sur le croupion , qui est brun unicolore ; ailes , couvertures et pennes de la queue , noires , à larges bordures rousses ; la queue à peu près carrée , les deux pennes latérales marquées d'une très-grande tache blanche , et la troisième d'une très – petite ; baguettes brunes , la première finement lisérée de blanc. Bec et pieds d'un rouge clair. Longueur , cinq pouces une ou deux lignes. *Les deux sexes au printemps.*

Le plumage d'automne offre des teintes moins pures ; de petites stries brunes longitudinales sont répandues sur la teinte cendrée bleuâtre de la tête et de la nuque ; des bordures brunes entourent les plumes grises de la poitrine , et le roux de la gorge est moins vif et moins pur.

Je ne connais point la livrée du jeune âge.

Le Bruant fou male variété. Roux. *Ornit. provenç. v.* 1. *Atlas. tab.* 112 *bis. figure exacte du mâle.* — Emberiza cæsia. Cretschm. *dans l'Atlas du Voy. de Rupp. p.* 17. *tab.* 10. *fig.* 6. *le mâle au printemps.* — Emberiza rufibarbata. Hemp. et Ehrenb. *Voy. en Égyp.* — Rothbärtiger ammer. Brehm. *Vög. Deut. p.* 299.

Habite la Syrie et l'Égypte. Est probablement plus commun dans le midi de l'Europe qu'on ne le présume, vu que des individus isolés ont été pris pour des variétés soit du *Bruant ortolan* ou du *Bruant fou.* Accidentellement en Autriche; un individu fut pris en 1827 près de Vienne. M. Ruppel les a trouvés en Nubie aux mois de décembre et de janvier. Accidentellement en Provence, témoin la figure qu'en publia M. Roux.

Nourriture et *propagation.* Inconnues.

BRUANT ZIZI ou DE HAIE. — *E. CIRLUS.*

Ajoutez aux synonymes :

Atlas du Manuel, pl. lithog. le vieux mâle.—Vieill. *Faun. franç. p.* 91. *pl.* 44. *fig.* 1 *et* 2. — Roux. *Ornit. provenç. v.* 1. *pl.* 172. *tab.* 105 *et* 106. *mâle et femelle, et tab.* 107. *variété.*—KLEINER und GROSSER ZAUNAMMER. Brehm. *Vög. Deut. p.* 297. — Naum. *Naturg. Neue Ausg. tab.* 102. *fig.* 3 *et* 4.

Habite. Commun dans les vignes de la vallée du Rhin et du Necker. Le mâle, perché à la cime d'un arbre, chante à peu près comme une grosse sauterelle.

BRUANT FOU ou DE PRÉ. — *E. CIA.*

Le très-vieux mâle au printemps a souvent

toute la région des oreilles d'un beau noir * ;
de larges sourcils blancs surmontent les yeux ;
la gorge d'un cendré très-pur, la poitrine et les
flancs d'un roux vif; le croupion d'un roux
marron , et le poignet de l'aile d'un beau gris.
*Il se présente très-rarement sous cette livrée
dans nos contrées.*

Les jeunes ont du roux foncé à la région des
oreilles , la gorge d'un cendré blanchâtre , et le
roux de la poitrine terne.

Ajoutez aux synonymes :

Atlas du Manuel, pl. lithog. le mâle. — Naum. *Naturg.
Neue Ausg. tab.* 104. *fig.* 1 et 2.—Vieill. *Faun. franç. p.*94.
fig. 2 et 3. — Roux. *Ornit. provenç. v.* 1. *p.* 179. *tab.* 111
et 112. *mâle et femelle;* mais la tab. 112 bis , sous le
nom de variété , est une figure du mâle *Bruant cendrillard.* — Zip und Gerstenammer. Brehm. *Vög. Deut.*
p. 298. — Meadow bunting. Gould. *Birds of Europ.*
part. 8. *mâle et femelle.*

Ajoutez à *habite* :

Commun dans les vignes des vallées du Rhin et du

---

* Dans l'adulte , en automne, cette région est grise, toute
encadrée par une bande noire.

Necker ; de passage en Provence ; vit en Espagne , en Sibérie et jusqu'au Japon , où l'espèce est la même *. Les Japonais lui donnent le nom de *Cozuseme*. Connu en Provence sous le nom de *Chio-mustacho* ou *Chio-gavoué* , dénomination donnée improprement à notre *Emberiza provincialis*.

BRUANT RUSTIQUE.

EMBERIZA RUSTICA. (Pall.)

Remarque. Les naturalistes du nord disent que cet oiseau se montre accidentellement dans le nord et dans l'orient des limites européennes ; mais les données certaines de son apparition nous manquent encore. Je préfère conséquemment borner cette notice au signalement de l'espèce, me réservant de la décrire plus au long lorsque j'aurai été mieux informé , et que l'occasion se sera offerte de voir des sujets en nature. Voici, en attendant, le signalement de cette espèce par Pallas , et en note la description plus détaillée *sur des sujets reçus du Japon.*

Taille de l'*Ortolan de roseaux*. Tête noire , coupée par trois bandes blanches , dont l'une

---

* Tous les sujets des deux sexes que je viens de recevoir du Japon sont dans la livrée parfaite du printemps. On les trouve très-rarement sous ce plumage dans nos contrées.

sur le milieu du crâne , et les deux autres en forme de sourcils ; haut du dos rougeâtre ; quelques points de cette couleur sur le dessous du corps , qui est blanc , ainsi qu'une bande oblique sur les deux pennes extérieures de la queue.

EMBERIZA RUSTICA. Pall. *Vög*. *v*. 3. *p*. 698. — Lath. *Ind. Ornit. v.* 1. *p.* 413. *sp*. 51.

Habite les saussaies de la Daourie et la Crimée.

Remarque. Voici la description prise sur des sujets reçus du Japon. *Ceux qui possèdent des individus de cette espèce , tués en Europe , pourront juger si elle est la même.*

Sommet de la tête noir , coupé par trois bandes blanches , l'une sur la ligne moyenne du crâne , qui est faiblement marquée ; les autres de chaque côté en forme de larges sourcils ; la bande du centre aboutit vers l'occiput à une petite plaque blanchâtre ; les deux autres vont en s'élargissant en arrière des yeux ; plumes du méat auditif d'un brun noirâtre ; gorge et partie du devant du cou blancs, encadrés latéralement par une étroite raie noirâtre ; un large collier rouge de brique ceint la région thorachique ; cette couleur couvre toute la

nuque, et forme de larges mèches tout le long
des flancs ; milieu du ventre et abdomen d'un
blanc pur ; ailes et dos couverts de grandes
mèches noires bordées de rouge de brique ;
deux petites et fines bandes blanchâtres sur les
ailes ; queue noire, mais les deux pennes extérieures portent, dans toute leur longueur,
une bande blanche plus petite et moins large
sur la seconde penne. Pieds jaunes ; bec jaunâtre à bande noire sur l'arête supérieure.
Longueur, cinq pouces deux ou trois lignes.
Son nom japonais est *Kauradake*.

Tels sont les sujets que je présume être revêtus de la *livrée de printemps*. Les individus
que je crois en *plumage d'automne* ont le noir
du sommet de la tête peu marqué, vu les bordures brunes qui entourent toutes les plumes ; la bande médiane n'est indiquée que par
une teinte brune ; les raies longitudinales qui
servent de bordure au blanc de la gorge ne
sont indiquées que par une rangée de petites
taches.

Un autre *Bruant*, qu'on dit aussi exister en
Russie, mais que je ne connais, comme le
précédent, que sur des individus du Japon,

est le (*Bruant rutile*) *Emberiza rutila* de Pallas.
Lath. *Ind. Ornit. v.* 1. *p.* 411. *sp.* 40. Il est ca-
ractérisé ainsi : Toute la tête, la gorge, la
nuque, le devant du cou, toutes les parties
supérieures du corps, les scapulaires et les
couvertures des ailes, d'un rouge de brique
sans aucune tache ; la poitrine et toutes les
parties inférieures d'un beau jaune citron ;
ailes et queue brunes, lisérées de jaune terne.
Longueur, cinq pouces.

BRUANT AURÉOLE.

EMBERIZA AUREOLA. (Pall.)

Un petit masque d'un noir profond entoure
tout le bec et couvre la région des oreilles ;
sommet de la tête, nuque, manteau, dos,
couvertures des ailes, et un large collier sur le
devant du cou, d'un beau roux marron pourpré ; poignet de l'aile d'un blanc pur ; partie
du devant du cou, poitrine, ventre et flancs,
d'un beau jaune ; des mèches couleur marron
couvrent les flancs ; abdomen et couvertures
de la queue blanchâtres ; queue courte ; les
pennes, ainsi que les rémiges, d'un brun
terne, toutes lisérées de gris ; sur la penne
extérieure une grande tache blanche conique,

et sur la seconde une longitudinale de cette couleur. Dessus du bec brun, dessous rougeâtre; pieds bruns. Longueur, cinq pouces neuf lignes. *Le vieux mâle.*

La femelle porte un masque gris noirâtre; le sommet de la tête et le croupion sont les seules parties colorées de marron pourpré; le collier marron pourpré du devant du cou très-étroit; les teintes jaunes comme dans le mâle, mais les flancs nuancés d'olivâtre et marqués de larges mèches brunes; la nuque, le manteau et le dos d'un brun terne avec de grandes mèches noires; le poignet de l'aile d'un gris blanchâtre; point de tache blanche sur la seconde rectrice.

Emberiza aureola. Pall. *Vög. v.* 2. *p.* 711. *sp.* 23. — Gmel. *Syst.* 1. *p.* 875. — Lath. *Ind. Ornit. v.* 1. *p.* 414. *sp.* 53. — Emberiza sibirica. *Nov. com. petr. v.* 15. *p.* 488. — Falk. *Vög. v.* 3. *p.* 398. — Yellow breasted bunting. Lath. *syn. v.* 3. *p.* 201. — Penn. *Arct. Zool. v.* 2. *p.* 366.

Habite la Sibérie et le Kamtschatka; vit aussi dans la Crimée, et se trouve dans quelques provinces méridionales de la Russie; son apparition dans d'autres parties orientales n'est pas constatée authentiquement.

Nourriture et *propagation* inconnues.

BRUANT JACOBIN.

EMBERIZA HYEMALIS. (Linn.)

Tête, gorge, cou, haut de la poitrine et parties supérieures du corps d'une teinte ardoise foncé ; ventre et abdomen d'un blanc pur ; des trois pennes latérales de chaque côté de la queue, l'extérieure est bordée de noir en dehors, les autres pennes et celles des ailes sont d'un brun-noir ; les rémiges sont bordées de gris-blanc à l'intérieur, et d'un noir pur à leur pointe. Le bec blanchâtre ; iris bleuâtre ; pieds d'un jaune brunâtre. Longueur, cinq pouces six lignes. *Le mâle au printemps.*

La femelle et le mâle en hiver ont le bec blanchâtre, à pointe noire ; la tête, le cou, le manteau, la gorge et la poitrine d'un gris bleuâtre mélangé de roux. *Les jeunes* ont des teintes encore plus roussâtres.

Emberiza hyemalis. Linn. *Syst.* 1. *p.* 308. — Gmel. *p.* 868. — Wilson. *Americ. Ornit.* v. 2. *pl.* 16. *fig.* 6. — Hortulanus nivalis niger. Briss. *Ornit.* v. 3. *p.* 289. — Fringilla hudsonias. Mill. *Illust. tab.* 21. — L'Ortolan jacobin. Buff. *Oiseaux.* v. 4. *p.* 335. — Catesb. *Carol.*

v. 1. tab. 36. — BLACK BUNTING. Lath. *Syn. v.* 3. *p.* 166.
— *Arct. Zool. v.* 2. *n°* 223.

Habite l'Amérique du Nord ; en été dans les contrées
boréales, et en hiver dans les États-Unis ; pousse ses
migrations accidentellement jusqu'en Islande ; peut-
être y est-il de passage périodique, vu que plusieurs
individus ont été pris dans cette partie boréale de
l'Europe.

BRUANT MITILÈNE. — *E. LESBIA.*

Le vieux mâle au printemps a la tête et la
nuque d'un cendré pur, légèrement roussâtre,
marqué partout de petites mèches d'un noir
profond ; manteau roussâtre, avec de très-
larges mèches d'un noir profond ; croupion et
poignet de l'aile d'un roux vif; lorum isabelle ;
méat auditif roux-marron ; gorge et devant du
cou blanc, encadré par un hausse-col de taches
noires qui se montrent isolément sur le bas
du cou ; poitrine marquée d'une zône de taches
d'un roux ardent et d'un blanc pur sur les
côtés ; milieu du ventre blanc ; flancs isabelle
marqués de longues mèches noires. Une grande
tache blanche longitudinale sur la première
rectrice, et une très-petite sur la seconde ; iris
brun, cercle des yeux jaune ; pieds jaunes,

bec brun. Longueur totale, cinq pouces six lignes.

La vieille femelle a les parties supérieures d'un brun terne marqué d'un très-grand nombre de mèches noires, sur le roux du croupion des stries noires ; méat auditif d'un roux terne ; ce qui est blanc chez *le mâle* est isabelle chez *la femelle ;* hausse-col marqué d'un plus grand nombre de taches noires ; point de roux ardent à la poitrine, où se trouvent des taches noires.

Ajoutez aux synonymes :

Atlas du Manuel , pl. lithog. le mâle, figure passablement exacte. — Roux. *Ornit. provenç. p.* 177. *tab.* 109. *fig.* 2. *Copie de la planche enl. de Buffon, et fig.* 1. *le jeune de l'année.* — Zia da tordi. Calvi. *Ornit. di Genova. p.* 47. — Gebänderter ammer. Meyer. *Ornit. Taschenb. v.* 3. *p.* 63. *Copie du Manuel.*

Habite les parties orientales du midi de l'Europe ; on le dit commun en Grèce et en Crimée ; les jeunes s'égarent, quoique rarement, en Italie et en Provence, où des captures ont eu lieu. De semblables captures d'individus égarés ont eu lieu en Allemagne. Vit jusqu'au Japon, où il est connu sous le nom de *Jamazuzume.*

BRUANT GAVOUÉ *.

EMBERIZA PROVINCIALIS (Linn.)

« Le *Bruant gavoué*, dit M. Roux, dont presque tous les auteurs ont voulu parler, ne me paraît avoir été connu en nature que par Buffon. C'est au naturaliste qui écrit l'histoire des oiseaux de la Provence qu'il peût appartenir de fixer enfin l'opinion des ornithologistes sur ce fameux Bruant, et je ne crains pas de démentir ici non-seulement tout ce qui en a été dit, mais de relever même des erreurs dans lesquelles est tombé Buffon. »

En parlant du gavoué de Provence, cet auteur ajoute qu'il tient de M. Guys qu'on le nomme vulgairement *Chic-gavotte* ou *Chic-moustache*. Il se trompe ; c'est à la femelle du Bruant fou, *Emberiza cia*, qu'on donne le

---

* Cet oiseau, que Buffon a fait figurer, et qui a existé autrefois dans les galeries du Jardin du Roi, à Paris, n'a pas été revu depuis cette époque. Je place l'article que M. Roux, auteur de l'excellent ouvrage sur les Oiseaux de la Provence, vient de publier sur cette espèce. J'en avais fait mention dans le premier volume, à l'article du *Bruant mitilène*, dans une note, page 318, qu'on doit supprimer.

premier de ces noms , en prononçant *Chiquo-*
gavouetto , au masculin *Chic-gavoué ;* on ap-
pelle aussi le mâle *Chic-moustache* , et quelquefois *Chic-farnous.*

Finalement, M. Roux met en doute l'existence de cet oiseau , que personne n'a vu depuis Buffon , et que M. Roux chercha vaine-
ment pendant plusieurs années en Provence.

Je suis d'avis qu'on trouvera quelque jour
l'oiseau figuré par Buffon pl. 656 , fig. 1 , indiqué sous le faux nom de *gavoué* , sinon en
Provence, du moins dans les parties orientales
du midi de l'Europe. Jusque là on peut se
permettre de passer cette espèce sous silence.

DEUXIÈME SECTION.

BRUANTS PLECTROPHANES.

BRUANT DE NEIGE. — *E. NIVALIS.*

Ajoutez aux synonymes :

Atlas du Manuel, pl. lithog. le mâle en hiver.— La Passerine de neige (Passerina nivalis.) Vieill. *Faun. franç. p.* 86.
pl. 41. *fig.* 3. — Roux. *Ornit. provenç. v.* 1. *p.* 167.
tab. 103. *mâle et femelle en hiver.* — Schnee , winter ,

NORDISCHER, BERG, und SCHWARZKÖPFIGER SPORNER. Brehm.
Vög. Deut. p. 3o3 *à* 3o6. — SNOW BUNTLING. Richards.
North. Zool. v. 2. *p.* 246. — Gould. *Birds of Europ.
part.* 5. *le vieux mâle en été et le mâle en automne.* —
Naum. *Naturg. Neue Ausg. tab.* 106. *vieux et jeune en
hiver , et tab.* 107. *mâle et femelle en été.*

Ajoutez à *habite :*

Les jeunes , à leur passage d'automne , couvrent quelquefois de leurs bandes nombreuses de grands espaces
sur la grève , le long des côtes de la Hollande ; il est extraordinairement rare de trouver un sujet adulte parmi
ces grandes troupes de jeunes oiseaux. Les vieux opèrent
probablement leur passage à une autre époque et en
d'autres lieux. Très – commun dans l'Amérique du
Nord , au Spitzberg et en Laponie.

BRUANT MONTAIN. — *E. CALCARATA.*

Le vieux mâle en habit de noces a tout le
noir du plumage très-profond , comme ve-
louté ; toute la tête , la face , la région des
oreilles , le devant du cou et la poitrine sont
de cette couleur ; le croissant roux de la nuque
très-ardent et pur , et toutes les couleurs du
plumage tranchées , vives et pures ; le bec est
d'un beau jaune et la pointe brune.

La femelle au printemps a le sommet de la

tête, les épaules, le dos et les couvertures
alaires d'un brun noirâtre avec des bordures
roussâtres ; nuque et croupion d'un brun-roux
parsemé de petites taches noires ; les côtés de
la tête variés de noirâtre et de roussâtre ; la
bande sourcilière et les côtés du cou d'un blanc
roussâtre ; gorge blanche, encadrée de brun ;
parties inférieures blanches, mais les flancs
roussâtres avec des stries noirâtres.

LAPLAND BUNTLING. Richards. *North. Zool. v.* 2.
p. 248. *tab.* 48. *vieux mâle en habit de printemps.* —
Transact. Linn. Society. v. 15. *tab. p.* 156. *le jeune. Un
sujet tué en Angleterre.* — LERCHENFARBIGER SPORNER.
Meyer. *Ornit. Taschenb. v.* 3. *p.* 57. — Brehm. *Vög.
Deut. p.* 306. — Naum. *Naturg. Neue Ausg. tab.* 108.
fig. 1. *jeune femelle,* 2. *mâle en hiver, et* 3. *mâle en été.*

Habite. Plusieurs individus ont été tués en Angleterre.

GENRE VINGT-NEUVIÈME.

BEC-CROISÉ. — LOXIA.

Caractères. Voyez *Manuel*, vol. 1, page 324.
Ajoutez : Que la livrée rouge ou rougeâtre des
mâles n'est point, comme on le croyait erronément, propre à une période limitée de la vie; mais
cette livrée est l'état parfait du plumage dans le
sexe masculin. M. Brehm a prouvé que la nidification et la ponte ont lieu dans toutes les saisons; il attribue cette propriété à l'abondance
ou à la disette de nourriture ; il est du moins
certain que ces oiseaux nichent en décembre
comme en mars, avril ou mai. Les vieux mâles
ont un plumage rouge, les jeunes l'ont rougeâtre, jaune rougeâtre ou jaunâtre; les femelles d'un vert jaunâtre, et les jeunes gris ou
grisâtre. Le changement du plumage chez le
Bouvreuil-dur-bec est soumis aux mêmes lois
de coloration *.

* On est invité à changer, selon ce nouvel aperçu, les
titres en italique placés en tête des différentes livrées dans
les articles descriptifs de ces espèces.

BEC—CROISÉ PERROQUET. — *L. PYTIOPSIT-*
TACUS.

Ajoutez aux synonymes :

Atlas du Manuel, pl. lithog. la femelle.—Naum. *Naturg.*
Neue Ausg. tab. 109.—KIEFERNKREUTZSCHABEL. Meyer. *Or-*
nit. Taschenb. v. 3. *p.* 43.— Brehm. *Vög. Deut. p.* 242.
— Nilson. *Ornit. suec. v.* 1. *p.* 120. — STORRE KORSNABB.
Nil. *Skandinav. Faun. tab.* 17 *a. vieux mâle,* et 18 *a.*
vieille femelle.—PARROT CROSS-BILL. Gould. *Birds of Europ.*
part. 6. — Walter. *Nordis. Ornit.* — *Hefti. tab.* 16.

Niche à la sommité des sapins les plus élevés.

BEC - CROISÉ DES PINS. — *L. CURVIROSTRA.*

Les teintes principales sous lesquelles *le mâle*
se présente sont plus ou moins d'un rouge de
brique ou rouge vermillon ; le milieu du ventre
blanchâtre. Les *mâles d'un an* sont d'un rouge
terne, d'un rouge jaunâtre, d'un jaune verdâtre ou d'un jaune terne, nuancé de rougeâtre. Les *vieilles femelles* ont le dessus du
corps gris foncé, le croupion d'un vert jaunâtre, le dessous du corps d'un gris clair
nuancé de verdâtre. J'ai vu des *mâles* à sommet de la tête, ventre et croupion d'un beau

jaune ; une large bande brune derrière les
yeux ; le reste comme la vieille femelle.

Ajoutez aux synonymes :

Atlas du Manuel, pl. lithog. mâle adulte.—Vieill. *Faun.
franç. p.* 61. *pl.* 30. *fig.* 1, 2 et 3. — Roux. *Ornit. provenç.
v.* 1. *p.* 114. *tab.* 69. *mâle varié ,* 70. *mâle âge moyen ,
et* 71. *femelle.* — FICHTEN-KREUTZSCHNABEL. Meyer. *Ornit.
Taschenb. v.* 3. *p.* 45. — MITTLERER, GEBIRGS und FICHTEN-
KREUTZSCHNABEL. Brehm. *Vög. Deut. p.* 242. — MINDRE-
KORSNABB. Nilson. *Skandinav. Faun. tab.* 19 *a. le mâle.* —
Walter. *Nordis. Ornit.* — *Hefti. tab.* 17. *mâle et femelle.* —
Naum. *Naturg. Neue Ausg. tab.* 110. *dans toutes les livrées.*

Ajoutez à l'*habitat :*

Vit jusqu'au Japon , où l'espèce est absolument la
même qu'en Europe. Son nom japonais est *Isuga.*

BEC-CROISÉ LEUCOPTÈRE.

LOXIA LEUCOPTERA. (GMEL.)

*Le bec noir, peu croisé ; sur les ailes deux
bandes transversales blanches.*

Toutes les parties supérieures du corps , la
tête , le cou et la poitrine d'un beau rouge san-
guin ; sur la nuque une bande noirâtre , et vers

le milieu du dos une semblable ; partie médiane
de la poitrine et ventre d'un brun grisâtre ; côtés de la tête souvent tachetés de noir ; un trait
de cette couleur borde le front , passe à travers
l'œil et se perd sur les oreilles ; les ailes et la
queue sont noires ; trois des pennes secondaires,
les plus proches du corps , portent une tache
terminale blanche ; les deux rangées de couvertures sont terminées de blanc , ce qui forme
deux bandes de cette couleur ; le bec est noir
et les pieds sont bruns. Longueur , cinq pouces
six ou huit lignes. Le *vieux mâle.*

La *femelle* a la tête et le dessus du corps
d'un gris-brun verdâtre , avec des bordures
d'un vert jaunâtre ; croupion d'un jaune clair;
les parties inférieures sont d'un gris verdâtre ,
marqué de stries noirâtres ; milieu du ventre
blanchâtre , abdomen grisâtre ; deux bandes
blanchâtres sur les ailes.

LOXIA LEUCOPTERA. Gmel. *Syst.* 1. p. 844. — LOXIA
FALCIROSTRA. Lath. *Ind. Ornit.* v. 1. p. 371. *sp.* 2. —
CURVIROSTRA LEUCOPTERA. Wilson. *Americ. Ornit.* v. 4.
pl. 31. *fig.* 3. — BEC-CROISÉ LEUCOPTÈRE. Vieill. *Galerie
des Oiseaux.* v. 1. p. 56. tab. 52. *vieux mâle.* — WHITE-
WINGED CROSS-BILL. Gould. *Birds of Europ. part.* 4.
mâle et femelle. — WHITE-WINGED CROSS-BILL. Dixon.

Vög. tab. p. 356. *femelle.* — *Arct. Zool. v.* 2. n° 208.
— Lath. *Syn. v.* 3. *p.* 108. — Richards . *Nor-
thern Zool. pag.* 263. *n°* 77. — ZWEIBINDIGER und WEISS-
BINDIGER KREUTZSCHNABEL. Brehm. *Vög. Deut. p.* 244. —
LOXIA TACHIOPTERA. *Gogler Reis.* 1827. *p.* 411. — BANDEL
KORSNABB. Nilson. *Skandinav. Faun. tab.* 20. *la femelle.*

Habite l'Amérique du Nord et la baie de Hudson , où
elle vit dans les forêts de pins. De passage plus ou moins
accidentel en Europe , soit par petites bandes ou isolément ; plusieurs captures en ont été faites dans le nord
de l'Allemagne et ailleurs. Tué près de Nuremberg et en
Angleterre.

Nourriture. Semence des arbres forestiers des régions
du Nord.

Propagation. Niche dans le district de la baie d'Hudson,
où on dit qu'il construit le nid sur les branches des
pins avec des herbes sèches et de la terre : pond cinq
œufs blancs , tachetés de jaunâtre.

GENRE TRENTIÈME.

BOUVREUIL. — *PYRRHULA*.

Caractères. Voyez *Manuel*, page 331.

BOUVREUIL DUR - BEC *. — *P. ENUCLEATOR*.

Ajoutez aux synonymes :

Atlas du Manuel, *pl. lithog. jeune mâle.* — Le DUR-BEC
ROUGE (Strobiliphaga enucleator.) Vieill. *Galerie des Oi-*
seaux. v. 1. *p.* 58. *pl.* 53. *très-vieux mâle.* — Id. *Faun.*
franç. p. 63. *pl.* 31. *fig.* 1. *adulte , fig.* 2. *jeune en mue.* —
Roux. *Ornit. provenç.* v. 1. *p.* 116. *tab.* 72. *jeune mâle.*
— CORYTHUS ENUCLEATOR. Cuv. — Richards. *Faun. boreal.*
am. p. 262. *tab.* 53. *la femelle.* — BREITSCHNÄBLIGER
und SCHMALSCHNÄBLIGER HACKENGIMPEL. Brehm. *Vög. Deut.*
p. 247. — Naum. *tab.* 112.

BOUVREUIL PALLAS. — *P. ROSEA*.

Le *jeune mâle* a une livrée grise rougeâtre ,
toute couverte de taches brunes longitudinales;

---

* *Voyez* ce qui est dit relativement à la livrée rouge du
Bec-croisé, et changez, selon ces données, les titres en italique des différentes livrées de cette espèce.

sur les ailes, deux bandes d'un jaune rougeâtre;
croupion d'un brun jaunâtre; *après la mue*, on
remarque les traces blanches au front, le rouge
cramoisi prend plus d'éclat, et les mèches longitudinales disparaissent en partie.

Ajoutez :

Atlas du Manuel, pl. lithog. le très-vieux mâle.—ROSEN-
FARBIGER FINK. Meyer. *Ornit. Taschenb. v.* 3. *p.* 47. —
WEISSSTIRNIGER KARMINGIMPEL. (Erythrothorax roseus.)
Brehm. *Vög. Deut. p.* 249. — Naum. *tab.* 113. *fig.* 3.

BOUVREUIL CRAMOISI. — *P. ERYTHRINA.*

On trouve une jolie variété de cette espèce;
de *vieux mâles*, qui ont une livrée couleur
orange, partout où l'état normal est rouge;
les plumes sont toutes bordées et lisérées de
rose.

Ajoutez aux synonymes :

Atlas du Manuel, pl. lithog. le mâle adulte.—KARMINKÖP-
FIGER FINK. Meyer. *Ornit. Taschenb. v.* 3. *p.* 48.—Naum.
Neue Ausg. tab. 113. *fig.* 1 et 2. *mâle et femelle.* —
ERYTHROTHORAX RUBRIFRONS. Brehm. *Vög. Deut. p.* 249.

Ajoutez :

Habite aussi quelques îles de la mer du Nord ; se montre en Schleswig , en Sibérie , dans le pays d'Anhalt , et plus rarement dans la vallée du Rhin.

Propagation. Nous avons dit que les œufs sont ver-dâtres ; M. Brehm dit qu'ils sont de cette couleur , mais marqués de points rouges.

BOUVREUIL COMMUN. — *P. VULGARIS*.

M. Nilson donne aussi , comme variété de notre *Bouvreuil commun* , une belle figure , tab. 70 , de la *Loxia flamengo* de Sparman , que j'avais soupçonné (*voyez* Manuel , *pag*. 334 et 339) être une variété du *Bouvreuil dur–bec*. On est conséquemment invité à classer les ci-tations indiquées comme appartenant à la va-riété albine du *Bouvreuil commun*.

Une autre variété , assez rare, est colorée sur les parties inférieures comme les sujets ordi-naires ; mais les plumes du manteau sont du même rouge que celles du ventre. *Ce sont pro-bablement des mâles dans l'extrême vieillesse*.

Ajoutez aux synonymes :

Atlas du Manuel, pl. lithog. le mâle. — BOUVREUIL D'EU-
ROPE. Vieill. *Galerie des oiseaux.* vol. 1. p. 63. pl. 56.
mâle. — Id. *Faun. franç. p.* 64. — Roux. *Ornit. provenç.*
v. 1. p. 119. *tab.* 73 *et* 74. *mâle et femelle, variété de
petite race.* — DEUTSCHER, WANDER und GROSSER GIMPEL.
Brehm. *Vög. Deut. p.* 252. — DOMHERRE. Nilson.
Skandinav. Faun. tab. 46. *le mâle et la femelle, de
grande race.* — Naum. *tab.* 111.

Ajoutez à *habite* :

L'espèce est très-répandue dans l'Orient : on la trouve
en Sibérie et jusqu'au Japon, où elle paraît très-commune, et ne diffère en rien de nos individus d'Europe.
Son nom japonais est *Amauzo.*

BOUVREUIL GITHAGINE.

PYRRHULA GITHAGINEA. (Mihi.)

Le mâle diffère peu de la femelle par les
couleurs du plumage. Un gris teint d'une
nuance rose clair couvre toutes les parties inférieures du corps, revêt la gorge et entoure
la base du bec ; cette teinte est plus pâle à la
gorge dans quelques individus. Un cendré pur
couvre le sommet de la tête ; du brun cendré

est répandu sur la nuque, le dos et les couvertures des ailes ; une faible teinte rose colore les plumes du croupion, et les bordures des pennes alaires et caudales ; toutes sont lisérées de blanchâtre sur un fond noir ; queue faiblement fourchue ; le bec et les pieds sont rouges. Longueur, quatre pouces six lignes. Le *mâle*.

La *femelle* n'a point de teintes roses, si ce n'est aux bordures des pennes alaires et caudales, et une très-faible nuance au croupion ; les parties supérieures sont d'un brun-isabelle ; la base du bec et la gorge cendrées, les parties inférieures isabelle pur, et le milieu du ventre blanchâtre. Le bec est rouge comme chez le mâle.

Les *jeunes de l'année* ont des teintes moins pures que celles de la femelle. Le *jeune mâle*, après la mue, diffère bien peu de la femelle adulte.

BOUVREUIL GITHAGINE. Temm. et Laug. *Planches coloriées d'Oiseaux.* 400. *fig.* 1 *et* 2. — *Voyage en Égypte*, *pl.* 5. *fig.* 8. — Roux. *Ornit. provenç. v.* 1. *supp. p.* 377. *tab.* 74 *bis. mâle en automne.*

Habite la Nubie et la Syrie ; accidentellement de pas-

sage en Provence ; *on dit* qu'elle visite aussi les îles de
l'Archipel.

Nourriture et *propagation* inconnues.

BOUVREUIL A LONGUE-QUEUE.—*P. LONGICAUDA.*

Ajoutez à la description du *mâle au printemps* :

Que le croupion est aussi d'un rouge pon-
ceau ; le blanc des ailes forme deux très-larges
bandes sur celles-ci. Longueur , seulement
cinq pouces trois ou quatre lignes.

La *femelle au printemps* a le contour du bec
d'un brun noirâtre; le cercle des yeux , les joues
et la gorge couverts de plumes blanchâtres ,
lustrées comme dans *le mâle ;* sommet de la
tête et parties supérieures d'un cendré *très-faiblement teint de rougeâtre* , et couvert de mèches noires ; devant du cou et poitrine roussâtres ; flancs d'un roux rougeâtre ; milieu du
ventre blanc ; pennes des ailes et celles du milieu de la queue bordées de brun roux ; sur la
troisième penne de la queue une bande blanche
longitudinale, le reste noir ; croupion roussâtre.

Les *jeunes de l'année* n'ont point de plumes
lustrées ; le tour du bec est d'un rouge clair ;
tout le rougeâtre des parties inférieures marqué de petites mèches brunes; les parties supérieures comme la femelle , mais le croupion
rougeâtre ; les deux larges bandes sur l'aile
marquées, mais moins blanches que chez l'a-
dulte.

Ajoutez :

*Atlas du Manuel , pl. lithog. le mâle en plumage parfait
d'hiver.* —Langschwänziger fink. Meyer. *Ornit. Taschenb.
v. 3. p.* 52.

On trouve cette espèce jusqu'au Japon , où
elle n'est pas très-abondante , même rare; elle
est plus commune dans les provinces septentrionales de la Corée. Les Japonais lui donnent
le nom de *Bonmasiko* ou *Masiko*.

GENRE TRENTE-UNIÈME.

'GROS-BEC. — FRINGILLA.

Caractères. Voyez *Manuel*, page 341.

PREMIÈRE SECTION.

LATICONES *.

GROS-BEC VULGAIRE. — *F. COCCOTHRAUSTES.*

Ajoutez aux synonymes :

Atlas du Manuel, pl. lithog. — GROS-BEC D'EUROPE. Vieill. *Faun. franç. p.* 67. *pl.* 33. *fig.* 1 *et* 2. — Roux. *Ornit. provenç. v.* 1. *p.* 122. *tab.* 75 *et* 76. — BIRKEN, KIRSCH und PLATTKÖPFIGER KERNBEISSER. Brehm. *Vög. Deut. p.* 256. — HAW-FINCH. Gould. *Birds of Europ. part.* 5. *mâle et femelle.* — Naum. *Naturg. Neue Ausg. tab.* 114.

Ajoutez à *habite :*

Vit jusque très-loin dans l'Orient, en Sibérie et au Japon ; les individus de cette partie reculée de l'Asie sont absolument les mêmes que ceux d'Europe. Le nom japonais de cette espèce est *Ikaruga.*

---

* Quelques méthodistes établissent dans cette section les genres *Coccothraustes*, *Chloris*, *Pyrgita* et *Serinus*.

GROS-BEC VERDIER. — *F. CHLORIS*.

Ajoutez aux synonymes :

Atlas du Manuel, pl. lithog.—Fringille verdier. Vieill.
Faun. franç. p. 69. *pl.* 34. *fig.* 1 , 2 *et* 3. — Roux.
Ornit. provenç. v. 1. *p.* 125. *tab.* 77 *et* 78. *mâle et femelle.*
—Fichten, garten und nordische grünling. Brehm. *Vög.*
Deut. p. 260.— Naum. *Naturg. Neue Ausg. tab.* 120.

Remarque. Deux espèces voisines de la taille de notre
Verdier habitent au Japon ; elles diffèrent assez par les
couleurs du plumage pour en former des espèces distinctes.

GROS-BEC INCERTAIN.

FRINGILLA INCERTA. (Risso.)

Entièrement olivâtre , légèrement tacheté
de brun vif sur le dos , le ventre blanchâtre ;
pennes de la queue bordées de brun vif; le bec
et les pieds fauves. Le *mâle* selon Raffinesque.

La *femelle* (selon Roux) a toutes les parties
supérieures d'un gris verdâtre tirant au brun ;
la gorge d'un blanc roussâtre ; les flancs et la
poitrine d'une teinte plus rousse , parsemés de
quelques taches brunes longitudinales ; le ventre et les couvertures inférieures de la queue

d'un blanc sale ; rémiges et rectrices brunes
en dessus et grises en dessous , bordées de brun
clair ; iris noir ; bec et pieds d'un brun grisâtre. Longueur , cinq pouces six lignes.

FRINGILLA INCERTA. Risso. *Histoire naturelle de l'Europe
mérid. vol.* 3. *p.* 52. *esp.* 135. — FRINGILLA OLIVACEA.
Raffin. *Caratteri deg. alc. nuov. gen. p.* 6.—FRINGILLE IN-
CERTAINE. Roux. *Ornit. provenç. v.* 1. *Supp. p.* 378.
tab. 78 *bis. la femelle.*

Habite. De passage en Provence , où elle se montre
quelquefois en automne ; aussi trouvée en Sicile , aux
environs de Palerme.

Remarque. Je n'ai jamais vu cette espèce , que je
classe suivant les données fournies dans l'excellent ouvrage de M. Roux.

GROS-BEC SOULCIE. — *F. PETRONIA.*

Ajoutez aux synonymes :

Atlas du Manuel, pl. lithog. — Vieill. *Faun. franç. p.* 70.
pl. 35. *fig.* 1. — Roux. *Ornit. provenç. v.* 1. *p.* 127.
tab. 79. — STEIN und FELSENSPERLING. Brehm. *Vög.
Deut. p.* 263. — Naum. *Naturg. Neue Ausg. tab.* 116.
fig. 3 *et* 4.

Propagation. Pond , suivant M. Roux , cinq ou six
œufs bruns , piquetés de blanc.

GROS-BEC MOINEAU. — *F. DOMESTICA.*

Pour reconnaître et distinguer *les jeunes* de la *Fringilla domestica* de ceux de la *Cisalpina*, il faut relever les plumes de la tête : leur base, dans le *jeune mâle* de la *Domestica*, est cendrée, tandis que la base des plumes dans la *Cisalpina* est brune.

Ajoutez aux synonymes :

Atlas du Manuel, pl. lithog. le mâle. — Vieill. *Faun. franç.* p. 71. pl. 35. *fig.* 2 et 3. — Roux. *Ornit. provenç.* v. 1. p. 129. *tab.* 80. *vieux et jeune mâle*, *tab.* 81. *femelle*, et *tab.* 82. *variété albine.* — HOCHKÖPFIGER, MITTLERER und PLATTÖPFIGER HAUSSPERLING. Brehm. *Vög. Deut.* p. 264. — Naum. *Naturg. Neue Ausg. tab.* 115.

Se trouve aussi dans la Ligurie et la Dalmatie, mais en petit nombre ; elle y est comme étrangère au milieu des troupes nombreuses de l'espèce suivante.

GROS-BEC CISALPIN. — *F. CISALPINA.*

Ajoutez aux synonymes :

Atlas du Manuel, pl. lithog. le mâle — FRINGILLE A TÊTE

MARRON. Vieill. *Faun. franç.* — Id. *Galerie des Oiseaux.*
v. 1. p. 76. *pl.* 63. — Roux. *Ornit. provenç. v.* 1. *p.* 133.
pl. 82 *bis.* — CISALPINER FINK. Meyer. *Ornit. Taschenb.*
v. 3. *p.* 53.

Ajoutez à *habite* et à la *remarque* page 352
du *Manuel :*

On voit le *Cisalpin* établi et nichant au sommet du
Mont-Cenis, ainsi que sur toute la pente méridionale,
et de là dans toute l'Italie ; il est seulement de passage
en septembre et octobre dans les provinces méridionales
de la France, presque toujours mêlé avec les troupes
du *Moineau ordinaire;* mais il ne niche point en-deçà
des Alpes d'Italie. Sa manière de vivre est la même que
celle de la *Domestica*, car on le trouve dans le Midi en
très-grande quantité, dans les tours et les masures. S'il
est moins fréquent dans les villes que la *Domestica* l'est
chez nous, on doit en trouver la cause dans la forme des
bâtisses italiennes, dont les toitures ou plates-formes
ne se prêtent point à sa nidification. M. Cantraine
assure positivement que sa manière de vivre ne ressemble en rien à celle du *Friquet* (Fringilla montana).

GROS-BEC ESPAGNOL. — *F. HISPANIOLENSIS.*

La *femelle* diffère également de notre *Moi-*
neau domestique et de la femelle du *Cisalpin.*
Tête, nuque et dos d'un brun-gris; toutes les

mèches noires du manteau sont lisérées de bordures isabelles, et cette couleur forme aussi de larges bordures aux pennes des ailes et de la queue ; bande derrière les yeux, isabelle ; poitrine d'un cendré isabelle ; devant du cou d'un blanc sale, marqué de quelques taches réunies d'un noirâtre peu prononcé ; quelques mèches peu distinctes sur la poitrine ; abdomen d'un blanc isabelle. Bec d'un brun très-clair.

Ajoutez aux synonymes :

Atlas du Manuel, pl. lithog. le vieux mâle.—Roux. *Ornit. provenç. v.* 1. *p.* 137. *tab.* 84. *vieux mâle.* — SPANISCHER FINK. — Meyer. *Vög. Deut. v.* 3. *p.* 53.

Habite. Très-commun en Égypte, en Sardaigne, en Sicile, et partout en Espagne, dans les villes et les villages ; répandu jusqu'au Japon ; assez commun à Timor, à Java et dans quelques autres îles des Moluques. J'ai comparé des sujets de ces pays, et n'ai pu trouver aucune différence un peu marquante dans les teintes du plumage, mais concordance absolument parfaite dans la distribution des couleurs principales.

Propagation inconnue.

GROS-BEC FRIQUET. — *F. MONTANA.*

Ajoutez aux synonymes :

Atlas du Manuel, *pl. lithog.* — Vieill. *Faun. franç.* p. 72. *pl.* 36. *fig.* 1. — Roux. *Ornit. provenç. v.* 1. p. 135. *tab.* 83. *le mâle.* — FELD , BERG und NORDISCHER SPERLING. Brehm. *Vög. Deut.* p. 267. — PIL FINK. Nilson. *Skandinav. Faun. tab.* 74. — Naum. *Neue Ausg. tab.* 116. *fig.* 1 et 2.

Habite. Vit jusqu'en Laponie , en Sibérie et au Japon, où l'espèce est exactement la même que chez nous. Son nom japonais est *Zuzume.*

GROS-BEC SERIN ou CINI. — *F. SERINUS.*

A l'âge d'un an , les teintes jaunes des diverses parties du corps sont moins pures , surtout sur la tête. *Dans sa première livrée* , le gris et le roux légèrement verdâtre sont les couleurs du plumage qui sont parsemées de traits bruns allongés.

Ajoutez :

Atlas du Manuel , *pl. lithog.* — *Le serin* sous le faux nom de VENTURON. Vieill. *Galerie des Oiseaux. v.* 1. p. 75. *pl.* 62. — Id. *Faun. franç.* p. 76. *pl.* 38. *fig.* 1.

— Fringille cini. Roux. *Ornit. provenç. v.* 1. *p.* 146. *tab.* 94. *mâle et femelle.*—östlicher und südlicher girlitz. Brehm. *Vög. Deut. p.* 254.—Naum. *Neue Ausg. tab.* 123.

Habite. Très-commun en Allemagne dans la vallée du Rhin, où il vit dans les vignes et les vergers.

DEUXIÈME SECTION.

BREVICONES *.

GROS-BEC PINSON. — *F. COELEBS.*

Ajoutez aux synonymes :

Atlas du Manuel, pl. lithog. le mâle. — Vieill. *Faun. franç. p.* 73. *pl.* 36. *fig.* 2 *et* 3. — Roux. *Ornit. provenç. v.* 1. *p.* 139. *tab.* 85 *et* 86. *mâle et femelle.* — Nordischer, garten, wald, und wahrer edelfink. Brehm. *Vög. Deut. p.* 272. — Bofink. Nilson. *Skandinav. Faun. tab.* 35. *mâle et femelle au printemps.* — Naum. *Neue Ausg. tab.* 118.

Il paraît ne pas exister au Japon, tandis que l'espèce suivante y est assez commune.

---

* Quelques méthodistes établissent dans cette section les genres *Struthus, Montifringilla* et *Canabina.*

GROS-BEC D'ARDENNES. — *F. MONTIFRINGILLA.*

Ajoutez aux synonymes :

Atlas du Manuel, pl. lithog. mâle au printemps. —Vieill. *Faun. franç. p.* 74. *pl.* 37. — Roux. *Ornit. provenç. v.* 1. *p.* 142. *tab.* 87. *fig.* 1 *et* 2. *mâle en automne et au printemps, et tab.* 88. *femelle.*—Nordischer und hochköpfiger buchfink. Brehm. *Vög. Deut. p.* 274. — Naum. *Naturg. Neue Ausg. tab.* 119. *mâle dans les deux saisons, et fig.* 3. *femelle.*

Habite. Très-commun dans les régions du cercle arctique, où il niche sur les pins et les sapins ; les œufs ressemblent exactement à ceux du Pinson. Vit aussi jusqu'au Japon, où l'espèce ne diffère aucunement de la nôtre. Son nom japonais est *Mizume* ou *Mijamizuma.*

GROS-BEC NIVEROLLE. — *F. NIVALIS.*

Ajoutez aux synonymes :

Atlas du Manuel, pl. lithog. la femelle en automne. — Vieill. *Faun. franç. p.* 75. *pl.* 37. *fig.* 3. — Roux. *Ornit. provenç. v.* 1. *p.* 144. *tab.* 89. *mâle en hiver.* — Schnee und eisearg fink. Brehm. *Vög. Deut. p.* 269. — Snow finch. Gould. *Birds of Europ. pl. part.* 4. *le mâle en été et la femelle en hiver.* — Naum. *Neue Ausg. tab.* 117. *vieux mâle et femelle.*

GROS-BEC LINOTTE. — *F. CANNABINA.*

Ajoutez aux synonymes :

Atlas du Manuel, pl. lithog. le mâle.—Vieill. *Faun. franç.* p. 77. *pl.* 38. *fig.* 2 et 3. — Roux. *Ornit. provenç.* v. 1. p. 148. *tab.* 91. *vieux mâle au printemps,* et 92. *mâle en automne.* — Fichten und busch bluthänfling. Brehm. *Vög. Deut.* p. 276.

Ajoutez aussi :

La Petite Linotte de vignes. Buffon. *pl. enl.* 151. *fig.* 2. *un mâle en mue.*— Naum. *Neue Ausg. tab.* 121.

GROS-BEC DE MONTAGNE. — *F. MONTIUM.*

Jamais de rouge sur la poitrine ni sur la tête, le bec jaunâtre en hiver, blanchâtre en été.

Ajoutez aux synonymes :

Fringilla flavirostris. Linn. *Faun. suec.* p. 87. — Nilson. *Ornit. suec.* p. 146. *tab.* 4 *.* — Pall. *Voy.* v. 2.

---

* Mais point la *F. flavirostris* de Retz, *Fauna suecica,* table du frontispice, qui est un *Sizerin.* Les noms de *Linaria,*

p. 710. — *Atlas du Manuel, pl. lithog. en automne.*—Vieill. *Faun. franç. p.* 79. *pl.* 39. *fig.* 1. — Roux. *Ornit. provenç.* *v.* 1. *p.* 153. *tab.* 93. — GELBSCHNÄBLIGER FINK. Meyer. *Ornit. Taschenb. v.* 3. *p.* 54. — BERG , GELBSCHNÄBLIGER und MITTLERER BERGFINK. Brehm. *Vög. Deut. p.* 278. — Naum. *Neue Ausg. tab.* 122. *mâle, femelle et jeune.*

Se trouve aussi au Japon , où il porte le nom de *Zuzume.*

TROISIEME SECTION.

LONGICONES *.

GROS-BEC VENTURON. — *F. CITRINELLA.*

Ajoutez aux synonymes :

Atlas du Manuel. pl. lithog. — *Fringille cini* ou *Lorinus* , transporté au VENTURON. Vieill. *Faun. franç. p.* 80. *pl.* 40. *fig.* 1. — La FRINGILLE VENTURON. Roux. *Ornit. provenç. v.* 1. *p.* 155. *tab.* 90.—ZITRONENZEISIG. Brehm. *Vög. Deut. p.* 286.—Naum. *Neue Ausg. tab.* 124. *fig.* 3 *et* 4.

---

de *Flavirostris,* de *Sizerin* et de *Cabaret* n'ont aucune détermination précise ; et se rapportent tantôt à l'une, tantôt à l'autre des trois espèces distinctes décrites ici sous les noms de *Montium, Borealis* et *Linaria.*

* Dans cette section on a formé les genres *Linaria, Spinus* et *Carduelis.*

GROS-BEC TARIN. — *F. SPINUS.*

Ajoutez aux synonymes :

Atlas du Manuel, *pl. lithog. le mâle.* — Vieill. *Faun. franç. p.* 80. *pl.* 59. *fig.* 2 *et* 3.—Roux. *Ornit. provenç. v.* 1. *p.* 157. *tab.* 95 *et* 96. *mâle et femelle.* — ERLEN, MITTLERER und BIRKENZEISIG. Brehm. *Vög. Deut. p.* 284. — SISKIN. Gould. *Birds of Europ. tab. part.* 7. *mâle et femelle.* — Naum. *Neue. Ausg. tab.* 125.

Habite. Cette espèce se trouve aussi au Japon , où elle est commune et exactement la même.

GROS-BEC BORÉAL.

FRINGILLA BOREALIS. (Mihi.)

Taille plus forte que le Spinus ; plumage d'hiver partout blanchâtre ; croupion d'un blanc pur.

Gorge et lorum noirs ; dessus de la tête et le front d'un rouge de sang ; devant du cou, poitrine et croupion d'un rouge-rose ; ventre, abdomen et flancs d'un blanc pur ; occiput et nuque couverts de mèches noirâtres sur fond blanc roussâtre ; manteau et dos à larges mèches noirâtres , toutes lisérées de blanc ; de larges lisérés d'un blanc pur à toutes les plumes et pennes des ailes et de la queue. Bec jaune, mandibule brune en dessus. Longueur, cinq pouces. Le *vieux mâle au printemps* *.

Les *mâles en automne* ont le croupion blanc, avec une faible teinte rose et des mèches brunes ; de légères teintes roussâtres aux joues ; les mèches brunes du dos lisérées de cette couleur ; le rouge du sommet de la tête un peu terne et couvert de très-légères teintes roussâtres.

La *femelle* a le cinciput blanchâtre ; du rouge sur le sommet de la tête ; la poitrine, les parties inférieures et le croupion blancs, marqués de mèches brunes, assez nombreuses sur les flancs.

Les *deux sexes en hiver* ont le sommet de la tête d'un rouge terne, le front blanc ou roussâtre, marqué d'une bandelette noire ; lorum et gorge d'un noir terne, parties inférieures d'un blanc

---

* Le rouge de la poitrine est plus ou moins vif et pur, suivant l'époque de l'année : on voit souvent des bordures blanches aux plumes de cette partie.

parfait, plus ou moins varié de mèches brunes;
les bordures des plumes du dos d'un blanc terne
ou d'un roussâtre clair.

C'est dans l'une ou l'autre de ces livrées, très-
variables suivant la saison, la *Fringilla linaria*
des auteurs tant anciens que modernes, qui
ont souvent confondu les deux espèces. La Fringille sizerin. Vieill. *Galerie des Oiseaux*, *v*. 1.
*p. 78. pl. 65. un mâle en plumage parfait
d'été.* — Id. *Faun. française*, *p.* 84. *pl.* 41.
fig. 2. — Le Sizerin boréal (F. borealis). Roux.
Ornit. provenç. v. 1. *p.* 165. *tab.* 101. *jeune*
mâle, et tab. 102. *femelle ou jeune.* — Je ne
puis dire si la figure du *Gros-bec sizerin* de
l'Atlas du Manuel doit être rapportée à cette
espèce ou à la suivante; le contour du bec,
à mandibule supérieure arquée, est totalement
inexact pour l'une comme pour l'autre espèce;
la taille et les couleurs sont celles du *Sizerin* ou
Cabaret de l'espèce suivante. Il est préférable
d'omettre toutes les autres citations qui ne reposent pas sur des figures coloriées, vu que
les auteurs, tant anciens que modernes, ont
confondu les deux espèces, non-seulement entre
elles, mais encore avec leur *Flavirostris*, et plus
tard avec *Montium.* Les seules à placer encore

ici sont : HOLBOLS LEINFINK und ERLEN-LEINFINK.
Brehm. *Vog. Deut. p.* 280.

Habite les régions du cercle arctique , dont il ne s'é-
loigne guère ; son apparition dans les contrées plus
tempérées a lieu , comme celle du *Jaseur* et de quelques
autres espèces, à intervalles indéterminables. J'ai reçu de
cette espèce des individus du Japon et du Groenland,
qui ne diffèrent point de ceux qu'on voit accidentellement ou périodiquement de passage en Europe.

Nourriture. Semences des arbres forestiers.

Propagation inconnue.

GROS-BEC SIZERIN *. — *F. LINARIA*.

Taille moindre que le Spinus ; plumage d'hiver

---

* Des comparaisons souvent renouvelées me portent à persister dans l'opinion émise, *page* 373, *description et remar-*
ques de la seconde édition du Manuel, que le *Sizerin* et le
Cabaret ne sont qu'une seule et même espèce. J'avoue, toutefois, que le *Sizerin boréal* (Linaria borealis) de Vieillot
forme une espèce distincte identique de mon *Gros-bec boréal*
de l'article précédent, mais auquel on ne doit pas réunir le
Sizerin ou le *Cabaret* des auteurs, *deux* dénominations synonymes de mon *Gros-bec sizerin,* ou *Fringilla linaria* des
méthodistes.

roussâtre et brun ; croupion couvert de grandes mèches brunes.

Les *jeunes avant la mue* n'ont point de rouge sur la tête. En captivité, il serait impossible de suivre les gradations et les changemens de couleurs ; car, en cage, l'oiseau ne reprend plus sa livrée de noces, et le rouge qui existe perd bientôt tout son éclat.

La dimension de cinq pouces donnée dans le *Manuel* n'est pas exacte ; il faut mettre quatre pouces cinq ou six lignes.

Ajoutez aux synonymes :

La *planche de l'Atlas du Manuel n'est pas exacte.* — SIZERIN CABARET OU FRINGILLE CABARET. (Fringilla rufescens.) Vieill. *Faun. franç.* p. 83. *pl.* 41. *fig.* 1. — Roux. *Ornit. provenç. v.* 1. *p.* 163. *tab.* 99. *vieux mâle en été. tab.* 100. *fig.* 1. *femelle*, *et* 2. *tête du mâle en automne.* — ACKER, BIRKEN und GELBSCHNÄBLIGER LEINFINK. Brehm. *Vög. Deut. p.* 281. — BIRKENZEISSIG. Naum. *Naturg. Neue Ausg. tab.* 126. *tous les états.*

Ajoutez à *habite* :

De passage plus régulier, le plus souvent annuel, dans les parties tempérées de l'Europe, et à intervalle d'une ou de deux années dans le Midi. Se trouve aussi au Japon , où l'espèce est la même , et où elle diffère aussi constamment de la précédente, absolument comme dans nos climats.

GROS-BEC CHARDONNERET. — *F. CARDUELIS.*

Ajoutez aux synonymes :

Atlas du Manuel , pl. lithog. le mâle. — Vieill. *Faun. franç. p.* 82. *pl.* 40. *fig.* 2 *et* 3.—Roux. *Ornit. provenç. v.* 1. p. 159. *tab.* 97 *et* 98. *mâle et femelle.* — Nordischer und Deutscher stieglitz Brehm. *Vög. Deut. p.* 288.—Naum. *Neue. Ausg. tab.* 124. *fig.* 1 *et* 2 *mâle et femelle.*

ORDRE CINQUIÈME.

ZYGODACTYLES.—ZYGODACTYLI.

Caractères. Voyez *Manuel*, page 378.

GENRE TRENTE-DEUXIÈME.

COUCOU. — *CUCULUS*.

Caractères. Voyez *Manuel*, page 380, et ajoutez :

M. Schlegel, l'un des aides naturalistes du Musée, a fourni, dans un mémoire couronné par la Société d'Histoire naturelle de Harlem, des détails du plus grand intérêt sur les causes très-probables qui portent le *Coucou gris* et toutes les espèces qui pondent dans les nids des petits oiseaux insectivores, à ne point vaquer à l'incubation ni à la nutrition des jeunes ; et il allègue comme cause principale de cette ha-

bitude , le choix de leur aliment le plus ordinaire. La nourriture du *Coucou* consiste presque uniquement en chenilles très-velues , telles
que *Bombyx caja*, etc., dont le gros volume
surcharge et gonfle singulièrement l'estomac ,
et n'offre que de bien faibles parcelles diges-
tives. De cette nutrition résulte un grand développement de tout l'organe , et une faim sans
cesse renaissante ; le développement de l'estomac paraît influer sur le développement des
œufs dans l'ovaire , qu'on sait être très-petits ,
et que l'oiseau pond à des intervalles de six à
huit jours.

Le résumé succinct , dont l'auteur donne les
détails circonstanciés , est que le coucou , sans
cesse occupé à la poursuite de sa proie , ne saurait vaquer à l'incubation ; qu'il ne saurait suf-
fire par le moyen de l'aliment de prédilection
à la nourriture de quatre ou six petits voraces
qui croissent avec une rapidité étonnante. La
position et le grand développement de l'estomac entraveraient la digestion pendant l'acte
de l'incubation ; si l'incubation avait lieu , le
besoin de nouvelle nourriture nuirait au développement nécessaire des jeunes dans l'œuf;
pour pondre quatre ou six œufs , le *Coucou*

mettrait autant de semaines, et le premier œuf serait gâté avant la ponte du dernier. Enfin, les jeunes ne pourraient être développés à temps pour opérer leur migration, faute d'alimens nécessaires pour eux et pour leurs parens.

Si telle est en effet la cause de ce phénomène chez quelques espèces de *Coucous*, ce que je suis très-porté à croire, il en résulterait que certaines espèces, qui ne sont pas assujetties au même mode de nutrition, pourraient nicher et vaquer à l'incubation absolument comme les autres oiseaux.

COUCOU GRIS. — *C. CANORUS.*

Remarque. L'opinion que j'ai émise relativement à l'identité du *Coucou gris* et du *Coucou roux*, se trouvant confirmée par des faits et vérifiée par des observations nombreuses, il ne me reste qu'à ajouter encore ici : Que j'ai retrouvé chez tous les Coucous étrangers, dans les plus grandes comme chez les plus petites espèces de ce genre, les mêmes différences de plumage en rapport avec l'âge des individus. Mais, je le répète, il est aussi de fait que plusieurs espèces de Coucous étrangers, dont les formes extérieures ne diffèrent absolument en rien de notre *Cuculus canorus*, construisent des nids, couvent et élèvent eux-mêmes leur progéniture, absolument comme le font tous les autres oiseaux. Je ne vois donc pas de motif pour les séparer génériquement *.

Ajoutez aux synonymes :

Atlas du Manuel, *pl. lithog. l'adulte.* — Vieill. *Faun. franç. p. 57. pl. 28. fig. 2 et 3.*—Roux. *Ornit. provenç. v. 1. p. 107. tab. 64. mâle en automne, et 65. jeune, figures peu soignées, tab. 66. âgé d'un an.* — Aschgrauer und grauer kuckuck. Brehm. *Vög. Deut. p. 151.* — Der kuckuck. Meyer. *Ornit. Taschenb. v. 3. p. 24.* Dans cet ouvrage, de la date de 1822, M. Meyer paraît croire encore à l'existence du *Coucou roux* comme espèce. — Naum. *Naturg. Neue. Ausg. tab. 127. les vieux des deux sexes. tab. 128. fig. 2. femelle de deux ans. fig. 1. femelle au passage de livrée. tab. 129. jeunes, première livrée.* — Gok (Cuculus canorus). Nilson. *Skandin. Faun. tab. 66. individu en plumage roux.* — *Expédition de la Morée.*

Le Coucou gris est répandu non–seulement dans les pays indiqués *Manuel*, 2° édit., mais aussi en Morée, dans l'Archipel, en Sibérie et jusqu'au Japon, où il porte le nom de *Hototokisi.* Un grand nombre d'individus comparés

---

* Voyez la note aux articles du *Coucou geai* et du *Coucou cendrillard.*

aux sujets européens , ne m'ont pas offert la
plus légère différence de forme ni de couleurs.
Il est dit , dans une notice du Japon , dont
toutefois *je ne saurais garantir l'exactitude* ,
que ce Coucou niche sur les arbres , dans les
forêts. J'en doute.

COUCOU GEAI ou TACHETÉ.

CUCULUS GLANDARIUS. (Linn.)

La huppe , toute la tête et les joues sont d'un
cendré plus ou moins foncé , suivant l'âge des
individus ; les baguettes des plumes de ces parties ont une teinte brune , et la base des barbes
est blanchâtre ; une bande d'un cendré noirâtre
prend naissance vers la région des oreilles ,
passe sous l'occiput , et s'étend le long de la nuque sur le dos : cette partie , le croupion , les
scapulaires et les couvertures des ailes ont une
teinte gris-brun légèrement nuancée d'un lustre
plus ou moins verdâtre ; la pointe de toutes ces
pennes est blanche ; les rémiges d'un brun cendré lisérées de gris, et terminées de blanc; toutes
les pennes de la queue, d'un brun cendré , sont
terminées de blanc; les parties inférieures du cou
et du corps ont une teinte blanche plus ou moins

pure, ou nuancée de roussâtre, suivant l'âge des individus. Iris jaune; bec noir, à base de la mandibule inférieure rougeâtre; pieds verdâtres, à plante rougeâtre ou jaunâtre. Longueur de quinze à seize pouces, rarement cinq ou six lignes de plus. *Le mâle et la femelle.*

Le plumage, dans l'état intermédiaire, est plus lustré et plus varié que dans l'état parfait; la huppe et toutes les parties de la tête sont d'un noir à légers reflets verdâtres; la nuque, le dos, les scapulaires et les couvertures des ailes d'un brun lustré légèrement verdâtre; les taches blanches plus grandes et mieux marquées; les rémiges d'une teinte rousse assez vive, et d'un brun verdâtre vers la pointe; toutes sont terminées de blanc pur; la gorge, le devant du cou et la poitrine d'un roux clair; le reste des parties inférieures d'un blanc pur.

Les *jeunes de l'année* ont une huppe plus courte, d'un noir mat, tout le reste de la tête d'un noir lustré; les taches des plumes du dos et des couvertures des ailes ont une teinte roussâtre; du gris roussâtre est répandu sur la base des pennes secondaires des ailes; les deux pennes du milieu peu marquées de blanc à la pointe; devant du cou et poitrine d'une teinte rousse foncée; toutes les autres parties inférieures d'un blanc roussâtre; iris gris, bec et pieds couleur de plomb.

CUCULUS PISANUS. Linn. Gmel. *Syst.* 1. *sp.* 36.— Lath. *Ind. Ornit.*—CUCULUS GLANDARIUS. Gmel. p. 411.— Lath. *Ind. Ornit. v.* 1. *p.* 208. *sp.* 3. — CUCULUS ANDALUSIÆ. Briss. *Ornit. v.* 4. *p.* 126. — Ger. *Ornit. p.* 81. *fig.* 71.— COUCOU HUPPÉ NOIR ET BLANC, et GRAND COUCOU TACHETÉ. Buff. *Ois. v.* 6. *p.* 362 *et* 126. — GREAT SPOTTED and PISAN CUCKOO. Edw. *Glan. fig.* 57. — Lath. *Syn. v.* 2. *p.* 513 *et* 520. — Le COULICOU NOIR ET BLANC (Coccycus pisanus.) Vieill. *Faun. franç. p.* 60. *pl.* 29. *fig.* 1 *et* 2. — Roux. *Ornit. provenç. v.* 1. *p.* 104. *tab.* 67. *âge moyen*, *et tab.* 68. *jeune* *. — CUCULO COL CIUFFO. Savi. *Ornit. Tosc. v.* 1. *p.* 154. — CUCULO NERO E BIANCO COL CIUFFO. *Stor. degli ucc. tab.* 71. *jeune*. — Le COUCOU GEAI (Cuculus glandarius.) Temm. et Laug. *planches coloriées*

---

* Il paraît que le *dit-on*, assez vague, de la nidification de ce *Coucou* a décidé les auteurs mentionnés à faire de ce *Cuculus* un *Coccycus*; tandis que les vrais *Couas* ou *Coccycus* diffèrent essentiellement par des formes d'ailes et de pieds totalement différentes. M. Savi commet la même erreur. *Cet oiseau, modelé comme il l'est,* vaquerait à la construction du nid, pondrait dans ce nid, couverait ses œufs et élèverait ses petits, qu'il n'en serait pas moins un *cuculus* par tous les caractères extérieurs de sa conformation.

d'Oiseaux. 414. *femelle adulte.*—Strausskuckuck. Meyer.
Ornit. Taschenb. v. 3. *p.* 32.—Langschwänziger strauss
und schlanker kuckuck. Brehm. *Vög. Deut.* , *p.* 153.
—Naum. *Vög. Deut. Neue Ausg. tab.* 130.

Habite la côte barbaresque , la Syrie , l'Égypte et le
Sénégal. Vit en Andalousie , dans le Levant ; se montre
accidentellement en Sicile , en Italie , en Provence et
jusque dans quelques parties de l'Allemagne. Plusieurs
individus ont été tués en Sicile et en Allemagne.

Nourriture et *propagation* inconnues.

COUCOU CENDRILLARD.

CUCULUS CINEROSUS *. (Buff.)

Toutes les parties supérieures de la tête et du
corps , les ailes et les pennes du milieu de la

---

* Dans l'embarras du choix entre trois noms différens de
contrées , sous lesquels on a cité cette espèce , savoir : *Carolinensis* , *Americanus* et *Dominicus* , je préfère la traduction
littérale du nom que Buffon a donné. Quoiqu'on sache très-
positivement que cette espèce fait un nid , couve et élève ses
petits , elle n'en a pas moins les formes extérieures en tout
semblables à celles des *Coucous* qui n'incubent point leurs
œufs ; sa voix ressemble à celle des *coucous ;* elle prononce
les syllabes *coulicou.* Les vrais *Coccycus* , les *Couas* de Levaillant , diffèrent essentiellement par des formes disparates.

queue, sont d'un gris cendré olivâtre, changeant en lustre métallique verdâtre et roussâtre, selon le jour qui l'éclaire; parties inférieures blanchâtres, mais d'un ton plus grisâtre vers l'abdomen; petites couvertures des ailes et bord extérieur des rémiges d'un beau roux; pennes latérales de la queue noires, avec un grand espace blanc au bout. Mandibule supérieure brune, inférieure jaunâtre; iris rougeâtre; pieds noirs. Longueur, dix pouces huit lignes. Le *mâle.*

CUCULUS CAROLINENSIS. Briss. *Ornit. v.* 4. *p.* 112. — Wilson. *Americ. Ornit. v.* 4. *pl.* 28. *fig.* 1.—CUCULUS AMERICANUS. Linn. Gmel. *Syst.* 1. *p.* 414.—COUCOU DE LA CAROLINE. Buff. *pl. enlum.* 816. Mais pas son vieillard à ailes rousses, qui est synonyme de son *Tacco.* — CAROLINA CUCKOO. Catesb. *Cor. v.* 1. *tab.* 9. — *Arct. Zool. vol.* 2. *n°* 155. — Lath. *Syn. v.* 2. p. 527.

La *femelle adulte* a la tête, le dessus du cou et du corps d'un gris rembruni, sans reflets; les parties inférieures sont aussi d'un blanchâtre plus cendré que dans le mâle; le bec est brun.

C'est alors :

CUCULUS DOMINICUS. Linn. Gmel. *Syst.* 1. *p.* 416. Briss. *Ornit. v.* 4. *p.* 110. *tab.* 9 *fig.* 2. — Le GENDRILLARD.

Buff. *Oiseaux. v.* 6. *p.* 413. — S. Domingo cuckoo.
Lath. *Syn. v.* 2. *p.* 541.

Habite l'Amérique septentrionale jusqu'aux régions
du cercle arctique ; émigre en octobre vers les climats tempérés, et se montre accidentellement en
Europe *. M. Yarrel me cite quatre exemples de captures faites en Angleterre, savoir : deux en Irlande,
une à Cornwall et une en Wales.

Nourriture. Baies et larves des insectes qui s'attachent
aux poiriers.

Propagation. Les naturalistes américains assurent
qu'il fait un nid dans les forêts, sur les arbres, composé de bûchettes, de racines en dehors et de poils en
dedans. Wilson dit qu'ils nichent sur les poiriers; le
mâle ne prend point part à l'incubation. La ponte serait de quatre ou cinq œufs, d'un brun bleuâtre ou
verdâtre.

---

* Il me paraît probable que cette espèce se reproduit dans
l'une ou l'autre partie du nord de l'Europe; car j'ai peine à
croire à une migration d'Amérique en Europe.

GENRE TRENTE-TROISIÈME.

PIC. — *PICUS**.

Caractères. Voyez *Manuel*, page 388, et ajoutez : Que le mâle et la femelle partagent l'incubation, et que les œufs de tous les Pics sont blancs.

PIC NOIR. — *P. MARTIUS.*

Ajoutez aux synonymes :

Atlas du Manuel, pl. lithog. *le mâle.*— Vieill. *Faun. franç.* p. 51. pl. 25. fig. 2. — Roux. *Ornit. provenç.* v. 1. p. 91. *tab.* 56. *mâle.* — FICHTEN und NORDISCHER BAUM-HACKER. Brehm. *Vög. Deut.* p. 185. — PICCHIO NERO. Savi. *Ornit. Tosc.* v. 1. p. 139 — Naum. *Neue Ausg.* tab. 131.

PIC VERT. — *P. VIRIDIS.*

Ajoutez :

Atlas du Manuel, pl. lithog. *le mâle.*— Vieill. *Faun.*

---

* On a formé récemment quatre coupes dans les Pics d'Europe, savoir : *Dendrocopus, Picus, Picoïdes* et *Gecinus.*

franç. p. 60. *pl.* 24. *fig.* 1. *mâle.* 2. *jeune.*—Roux. *Ornit. provenç. v.* 1. *p.* 92. *tab.* 57. *mâle et femelle. tab.* 58. *le jeune.*—FICHTEN, LAUB, GRÜNE und GRÜNLICHER ORDHACKER. Brehm. *Vög. Deut. p.* 197. — PICCHIO VERDE. Savi. *Ornit. Tosc. v.* 1. *p.* 140. — Naum. *Neue Ausg. tab.* 132. *mâle adulte et jeune.*

PIC CENDRÉ. — *P. CANUS.*

Ajoutez :

Atlas du Manuel, pl. lithog. le mâle. — Vieill. *Faun. franç. p.* 51. *pl.* 23. *fig.* 1. — Roux. *Ornit. provenç. v.* 1. *p.* 95. *tab.* 59. *mâle et femelle.*—GRAUGRÜNER, GRAUER und GRAUKÖPFIGER ORDHACKER. Brehm. *Vög. Deut. p.* 199. — Naum. *Neue Ausg. tab.* 133. *mâle et femelle.*

PIC ÉPEICHE. — *P. MAJOR.*

Ajoutez aux synonymes :

Atlas du Manuel, pl. lithog. le vieux mâle. — Vieill. *Faun. franç. p.* 53. *pl.* 26. *fig.* 2 et 3. — Roux. *Ornit. provenç. v.* 1. *p.* 96. *tab.* 60. *mâle, femelle et jeune.* — FICHTEN, KIEFERN, LAUBHOLZ und BERGBUNTSPECHT. Brehm. *Vög. Deut. p.* 187. — PICCHIO ROSSO MAGIORE. Savi. *Ornit. Tosc. v.* 1. *p.* 142. — Naum. *Neue Ausg. tab.* 134.

PIC LEUCONOTE. — *P. LEUCONOTUS.*

Le *jeune mâle* a le front plus blanc ; des mèches noires en plus grand nombre aux parties
inférieures, et le haut du dos couvert de croissans noirs.

Ajoutez :

Atlas du Manuel, pl. lithog. le vieux mâle. — WEISSRÜ-
KIGER BUNTSPECHT. Brehm. *Vög. Deut. p.* 190.—HWITRYG-
GIGA. HACKSPETTEN. Nilson. *Skandinav. Faun. pl.* 58. *le
jeune mâle.* — WHITE RUMPED WOODPECKER. Gould. *Birds
of Europ. part.* 8. *mâle et femelle.*—Naum. *Naturg. Neue
Ausg. tab.* 135. *mâle et femelle.*

Cette espèce est très-commune en Suède.

PIC MAR. — *P. MEDIUS.*

Ajoutez aux synonymes :

Atlas du Manuel, pl. lithog. le vieux mâle.—PIC VARIÉ A
TÊTE ROUGE. Vieill. *Faun. franç. p.* 52. *pl.* 26. *fig.* 1. —
Roux. *Ornit. provenç. v.* 1. *p.* 98. *tab.* 61. *mâle adulte.* —
MITTLER und EICHEN BUNTSPECHT. Brehm. *Vög. Deut. p.* 191.
— Walter. *Nordis. Ornit. tab.* 2. *mâle.* — PICCHIO BOSSO
MAGIORE. Savi. *Ornit. Tosc. v.* 1. *p.* 143. — Naum. *Neue
Ausg. tab.* 136. *fig.* 1 et 2.

PIC ÉPEICHETTE. — *P. MINOR.*

Ajoutez aux synonymes :

Atlas du Manuel, pl. lithog. le mâle. — Le Petit pic. Vieill. *Faun. franç. p. 54. pl. 27. fig. 1.* — Roux. *Ornit. provenç. v. 1. p. 99. tab. 62.* — Garten und gras bunt-specht. Brehm. *Vög. Deut. p. 192.* — Naum. *tab. 136. fig. 3 et 4.* — Lilla hackspetten. Nilson. *Skandinav. Faun. pl. 29ª. mâle et femelle.* — Picchio piccolo. Savi. *Ornit. Tosc. v. 1. p. 145.*

PIC TRIDACTYLE. — *P. TRIDACTYLUS.*

Ajoutez aux synonymes :

Atlas du Manuel, pl. lithog. le mâle. — *Zool. dan. tab. 121.* — Berg und alpen dreizchiger specht. Brehm. *Vög. Deut. p. 194.* — Naum. *Neue Ausg. tab. 137. mâle et femelle.* — Tretaig hackspette. Nilson. *Skandinav. Faun. pl. 53. mâle.*

Ajoutez à *habite* :

Cette espèce ne se trouve jamais ou très-rarement sur les sommités des Alpes; elle ne dépasse pas la région à l'élévation de 4,000 pieds au-dessus du niveau de la mer; elle habite exclusivement les forêts et les vallées au pied des Alpes. Très-commun en Suisse.

....

GENRE TRENTE-QUATRIÈME.

TORCOL. — YUNX.

Caractères. Voyez *Manuel*, page 403.

TORCOL ORDINAIRE. — *Y. TORQUILLA.*

Ajoutez aux synonymes :

Atlas du Manuel, pl. lithog. — Vieill. *Faun. franç.* p. 56. *pl.* 28. *fig.* 1. — Roux. *Ornit. provenç. v.* 1. *p.* 101. *tab.* 63. — PLATTKOPFIGE, BAUM und GETUPFELDE WENDE-HALS. Brehm. *Vög. Deut. p.* 202. — TORCICOLLO. Savi. *Ornit. Tosc. v.* 1. *p.* 146. — Naum. *tab.* 138.

Cette espèce vit jusqu'au Japon , où les sujets tués au printemps ont les parties inférieures d'une nuance plus roussâtre et les taches plus distinctement marquées. Son nom japonais est *Arizui.*

ORDRE SIXIÈME.

ANISODACTYLES.—*ANISODACTYLI.*

Caractères. Voyez *Manuel*, page 405.

GENRE TRENTE-CINQUIÈME.

SITELLE. — *SITTA.*

Caractères. Voyez *Manuel*, page 406.

SITELLE TORCHEPOT. — *S. EUROPOEA.*

Ajoutez aux synonymes :

Atlas du Manuel, pl. lithog. — Vieill. *Faun. franç.* p. 234. *pl.* 104. *fig.* 1. — Roux. *Ornit. provenç. v.* 1. p. 364. *tab.* 237. — LAUBHOLZ und NORDISCHER KLEIBER. Brehm. *Vög. Deut.* p. 206. — FREMDER KLEIBER (Sitta advena), dont les parties inférieures sont d'un roussâtre pâle, est une variété dont Brehm, *p.* 207, *n°* 4, *forme une espèce distincte.* — MURATORE. Savi. *Ornit. Tosc. v.* 1. *p.* 135. — Naum. *Neue Ausg. tab.* 139.

SITELLE SYRIAQUE ou DES ROCHERS.

SITTA SYRIACA. (Ehrenb.)

Taille bien plus forte que le Torchepot ; bec plus long que la tête ; queue unicolore.

Sommet de la tête, nuque, dos, ailes et queue d'un cendré bleuâtre très-clair ; une longue bande noire prend naissance à la base du bec, garnit le lorum, passe sur les yeux, s'étend au-delà sur l'orifice auditif, et va, le long du cou, jusque vers le dos ; joues, gorge, devant du cou, poitrine et partie supérieure du ventre, d'un blanc parfait ; flancs d'un roux très-clair ; abdomen et le reste des parties inférieures d'un roussâtre terne ; seulement une très-petite tache roussâtre sur la barbe intérieure de la première penne caudale. Bec long et vigoureux, noirâtre ; pieds bleuâtres. Longueur, six pouces. *Le mâle et la femelle.*

Les *jeunes* ont une faible teinte roussâtre aux plumes du croupion, et les bandes noires des côtés de la tête sont moins nettement dessinées.

Sitta syriaca : nom donné par M. Ehrenberg

aux sujets du musée de Berlin, rapportés par lui
de Syrie.—Sitta neumayeri : nom proposé par
M. Michahelles dans l'*Isis*, journal allemand,
sur des sujets rapportés de Dalmatie. — Sitta
rupestris : nom donné par M. Cantraine, et
sans doute mieux vu, surtout plus analogue
au genre de vie, que les deux autres imposés à
tout hasard. Le nom sous lequel il est connu à
Raguse est *Bergliesce* ou *Vergliesce*.

Habite. Commun en Syrie et dans le Levant ; assez
abondant en Dalmatie, où il ne se montre jamais sur
les arbres ni sur les buissons ; on le trouve toujours dans
les endroits les moins accessibles, volant d'un précipice
à l'autre, escaladant les rochers, et se posant sur la
sommité des pitons, d'où il fait entendre son chant. Vit
dans les hautes montagnes qui séparent la Bosnie de la
Dalmatie, et n'en descend qu'en hiver.

Nourriture. Insectes, qu'il saisit dans les fentes et les
crevasses des rochers, dans lesquelles il enfonce le bec,
et l'engage par fois si fortement, qu'il doit faire des
efforts pour l'en tirer.

Propagation. Construit dans les rochers un nid de
terre de la forme d'une calebasse attachée dans sa longueur aux parois verticales des rochers ; l'intérieur est
duveté et contient des matières molles ; l'ouverture est
latérale ; la ponte est de cinq œufs.

GENRE TRENTE-SIXIÈME.

GRIMPEREAU. — *CERTHIA.*

Caractères. Voyez *Manuel*, page 408.

GRIMPEREAU FAMILIER. — *C. FAMILIARIS.*

Ajoutez aux synonymes :

Atlas du Manuel, pl. lithog. — Vieill. *Faun. franç.* p. 237. — Roux. *Ornit. provenç. v.* 1. *p.* 368. *tab.* 239. —Langzehiger, lohrückiger und nordischer baumlaufer. Brehm. *Vög. Deut. p.* 209. — Naum. *Naturg. Neue Ausg. tab.* 140. — Tradprypare. Nilson. *Skandinav. Faun. pl.* 67. *au printemps.* — Rompichino. Savi. *Ornit. Tosc. v.* 1. *p.* 187.

Remarque. M. Brehm, qui vient de publier récemment ce grand nombre d'espèces et de subespèces, forme, indépendamment des trois races de *Grimpereaux* indiqués dans les synonymes, une seconde espèce et une subespèce nouvelles, sous le nom de *Certhia brachydactyla* et *megarhynchos.* Quoique M. Brehm paraisse refuser constamment aux naturalistes touté communication de ses prétendues espèces nouvelles, j'ai cependant eu le bonheur de recevoir de lui une *Certhia brachydactyla*, en échange du très-grand nombre de peaux d'oiseaux de nos marais et de nos côtes maritimes *, que je lui fis parvenir, à sa demande. Cette *Certhia brachydactyla* de M. le pasteur Brehm ne peut, même avec toute la complaisance imaginable, prendre rang comme espèce essentiellement différente de la *Certhia familiaris*, ou Grimpereau ordinaire ; elle a le bec un peu plus long que les autres sujets auxquels je l'ai comparé, moins un seul sur dix, qui avait le bec approchant de même longueur que la *Brachydactyla* de l'auteur cité. Toutes ces nuances dans la forme du bec dépendent, comme je l'ai démontré aux articles des oiseaux de marais, de causes locales ou de la nature des terrains et des alimens.

M. Meyer, qui a également comparé de ces *Grimpereaux brachydactiles* aux individus reconnus pour des *Grimpereaux familiers* par M. Brehm, assure n'avoir pu trouver de différences autres que celles qu'on trouve partout dans quelques individus légèrement variés d'une même espèce. On lit les comparaisons établies par Meyer dans son *Ornithol. Taschenb. v. 3. p. 34.—Voyez* la fig. Naum. *Naturg. Neue Ausg. tab.* 140. *fig.* 3.

----

* Il est essentiel de dire que M. Brehm a trouvé dans ces envois un très-grand nombre de races ou subespèces nouvelles dont l'existence m'était et m'est encore inconnue dans la nature, mais que M. Brehm signale dans son livre. Comme tous ces oiseaux ont passé par mes mains, je puis assurer très-positivement qu'ils n'offrent point d'autres différences que celles qu'on voit ordinairement dans les individus soumis à des influences locales ou accidentelles.

GENRE TRENTE-SEPTIÈME.

TICHODROME. — *TICHODROMA.*

Caractères. Voyez *Manuel*, page 411, et ajoutez : « Que cet oiseau remue constamment les ailes en grimpant contre les plans verticaux des rochers. »

TICHODROME ÉCHELETTE.—*T. PHOENICOPTERA.*

Ainsi que M. Meyer l'observe très-exactement, on trouve des *Tichodromes* à bec plus long qu'à l'ordinaire, absolument comme cela se voit dans le *Grimpereau* et la *Huppe*, et comme on peut l'observer chez tous les oiseaux étrangers des genres *Arachnothera*, *Nectarinia*, etc., etc.

Ajoutez aux synonymes :

Atlas du Manuel, *pl. lithog. le mâle.*— Picchion de muraille (Petrodroma muraria). Vieill. *Faun. franç. p.* 236. *pl.* 103. *fig.* 2 *et* 3. — Roux. *Ornit. provenç. v.* 1. *p.* 366. *tab.* 238. *mâle.* — Rothflüglige Mauerklette. Meyer. *Ornit. Taschenb. v.* 3. *p.* 36 *et suivantes*, où l'on trouve plusieurs détails anatomiques et de mœurs. — Koch. *Bakrische Zool. v.* 1. *p.* 79.—Meyer et Wolf. *Vögel. Deut.*

Heft. 26. *pl.* 6. *fig.* 1 *et* 2. *mâle en été et en hiver.* —Naum. *Naturg. Neue Ausg. tab.* 141. *mâle dans les deux saisons.* — Picchio murajolo. Savi. *Ornit. Tosc. v.* 1. *p.* 185. — Kurzschnäbliger und langschnäbliger Mauerlaufer. Brehm. *Vög. Deut. p.* 213.

Ajoutez à *habite :*

En Dalmatie, où il est sédentaire ; très-accidentellement en Bavière.

Propagation. Niche dans les fentes des rochers : sa ponte est de cinq ou six œufs arrondis et d'un blanc parfait.

~~~~~~~~~~~~~~~~~~~

GENRE TRENTE - HUITIÈME.

HUPPE. — UPUPA.

Caractères. Voyez *Manuel*, page 414.

HUPPE PUPUT. — U. EPOPS.

Ajoutez aux synonymes :

Atlas du Manuel, pl. lithog. — Vieill. *Faun. franç.* p. 238. *pl.* 105. *fig.* 1. — Roux. *Ornit. provenç. v.* 1. p. 370. *tab.* 240. — Bubola. Savi. *Ornit. Tosc. v.* 1. p. 182. — Einbindiger und Zweibindiger Wiedehopf.

Brehm. *Vög. Deut.* p. 215.— *Expédition scientifique de Morée*. Le sujet capturé diffère un peu des autres individus par les plumes du dessous du corps, qui ont une teinte rose. — Naum. *Naturg. Neue Ausg. tab.* 142. *mâle et femelle.*

Remarque. J'ai eu tort de réunir dans le *Manuel*, p. 416, la *Huppe d'Afrique* (Cap de Bonne-Espérance et Sénégal) avec notre *Puput* d'Europe et du nord de l'Afrique ; elles forment deux espèces voisines, mais différentes. Voyez cette espèce sous le nom de UPUPA CRISTATELLA. *Galerie des Oiseaux. v.* 1. *p.* 306. *pl.* 184. *On dit* que notre *Puput* se trouve aussi au Cap ; mais je ne puis l'assurer positivement par mes propres observations.

ORDRE SEPTIÈME.

ALCYONS. — *ALCYONES.*

Caractères. Voyez *Manuel*, page 418.

~~~~~~~~~~~~~~~~

GENRE TRENTE-NEUVIÈME.

GUÊPIER. — *MEROPS.*

Caractères. Voyez *Manuel*, page 418.

GUÊPIER VULGAIRE. — *M. APIASTER.*

Ajoutez aux synonymes :

Atlas du Manuel, *pl. lithog.* — Vieill. *Faun. franç.*
p. 240. *pl.* 105. *fig.* 2. — Roux. *Ornit. provenç. v.* 1.
p. 372. *tab.* 241. — GRUCCIONE. Savi. *Ornit. Tosc. v.* 1.
p. 174. — UNGRISCHER und SÜDLICHER BIENENFRESSER.
Brehm. *Vög. Deut. p.* 146.—*Expédition scientifique de Mo-*
rée.—Naum. *Naturg. Neue Ausg. tab.* 143. *mâle et jeune.*

Cette espèce vit aussi dans l'Archipel, en

Grèce et en Turquie. J'ai été surpris de ne pas l'avoir trouvée dans les collections faites au Japon, où elle paraît ne pas exister. Les individus de Morée ne diffèrent en rien ; c'est surtout dans les lieux marécageux des environs de Pylos que l'on voit les Guêpiers voler par troupes nombreuses.

GENRE QUARANTIÈME.

MARTIN PÊCHEUR. — ALCEDO.

Caractères. Voyez *Manuel*, page 421.

MARTIN PÈCHEUR PIE.

ALCEDO RUDIS. (Linn.)

Occiput à plumes acuminées ; toutes les parties supérieures variées de noir et de blanc ; cette dernière couleur termine et borde toutes les plumes ; lorum et sourcils blancs ; une large bande noire va de l'angle du bec et couvre l'orifice des oreilles ; toutes les parties inférieures d'un blanc éclatant ; un large collier ou collier interrompu, d'un noir parfait, ceint la poi-

trine ; les flancs portent des mèches noires ;
queue en grande partie blanche à la base et
noire vers la pointe, qui est blanche ; bec et
pieds noirs. Longueur, dix ou onze pouces. Le
vieux mâle.

La *femelle* est moins grande ; elle a plus de
blanc aux parties supérieures, les bordures
étant plus larges et plus étendues ; le plus souvent au-dessous du collier, qui est moins large
que dans le *mâle*, un second demi-collier, très-
étroit.

Les *jeunes* ont des taches et des mèches noires
sur les parties supérieures du plumage, qui est
d'un blanc terne ; le collier est indiqué par des
taches plus ou moins nombreuses.

ALCEDO RUDIS. Linn. *Syst.* 1. *p.* 181. — Lath. *Ind.*
Ornit. v. 1. *p.* 247. *sp.* 4. — Briss. *Ornit. v.* 4. *p.* 520.
tab. 39. *fig.* 2. — MARTIN PÊCHEUR DU CAP. Buff.
pl. enl. 716. *vieux mâle.* — MARTIN-PÊCHEUR PIE. Buff.
pl. enl. 62. *le jeune.* — BLACK AND WHITE KINGFISHER.
Lath. *Syn. v.* 2. *p.* 612. — Edw. *Glan. tab.* 9. —
SCHÄCKIGER EISSVOGEL. Meyer. *Ornit. Taschenb. v.* 3. *p.* 41.

Habite toute l'Afrique du midi au nord ; commun en
Égypte et en Syrie, d'où il paraît visiter accidentelle-

ment les îles de l'Archipel. J'ai vu un individu tué près de Constantinople ; on le trouve aussi à Chio.

Nourriture. Poissons.

Propagation. Pond des œufs d'un blanc pur.

MARTIN PÊCHEUR ALCYON. — *A. ISPIDA.*

Ajoutez aux synonymes :

Atlas du Manuel, pl. lithog. — MARTIN PÊCHEUR PROPRE-MENT DIT. Vieill. *Faun. franç. p.* 241. *pl.* 106. *fig.* 1. — Roux. *Ornit. provenç. v.* 1. *p.* 375. *tab.* 242. — GROSSER, KLEINER und FREMDER EISSVOGEL. Brehm. *Vög. Deut. p.* 148. — UXSEL SANTA MARIA. Savi. *Ornit. Tosc. v.* 1. *p.* 178. — *Expédition scientifique de la Morée.* — Naum. *Naturg. Neue Ausg. tab.* 144.

Remarque. Le Martin pêcheur, le plus commun des trois espèces distinctes qu'on trouve au Japon, ne doit pas être réuni avec notre *A. Ispida*, quoiqu'il en diffère peu ; cet oiseau du Japon est identique avec *Alcedo bengalensis*, qu'on trouve aussi dans toutes les îles de la Sonde, aux Moluques et au cap de Bonne-Espérance. Cette espèce, voisine de notre *Alcyon*, en diffère néan-moins par des dimensions moins fortes, comme par des teintes et des distributions de couleurs différentes.

ORDRE HUITIÈME.

CHÉLIDONS. — *CHELIDONES*.

Caractères. Voyez *Manuel*, page 425.

GENRE QUARANTE-UNIÈME.

HIRONDELLE. — *HIRUNDO* *.

Caractères. Voyez *Manuel*, page 425.

HIRONDELLE DE CHEMINÉE. — *H. RUSTICA.*

Ajoutez aux synonymes :

Atlas du Manuel, pl. lithog. — Vieill. *Faun. franç.* p. 131. *pl.* 58. *fig.* 2. — Roux. *Ornit. provenç.* v. 1. p. 229. *tab.* 141. — RONDINE. Savi. *Ornit. Tosc.* v. 1. p. 162. — STALL und DORF-RAUCHSCHWALBE. Brehm. *Vög.*

---

* On s'est plu à diviser les Hirondelles d'Europe en *Cercopis*, *Chelidon* et *Cotyle*; plus, ce dernier genre en deux sections.

Deut. p. 136.—Naum. *Vög. Deut. Naturg. Neue Ausg.*
tab. 145. *fig.* 1.

Cette espèce est répandue jusqu'au Japon ;
elle y a les mêmes mœurs, et les couleurs du
plumage ne diffèrent point. Son nom japonais
est *Tsu-ba-me.*

HIRONDELLE ROUSSELINE.

HIRUNDO RUFULA. (Levaill.)

Sur le sommet de la tête, une large calotte
d'un noir bleuâtre à reflets d'acier poli ; nuque,
joues, cinciput et petite raie sourcillaire d'un
roux de rouille ; partie postérieure du cou,
manteau et couvertures de la queue d'un noir
bleuâtre d'acier poli ; croupion d'un roux vif,
qui prend une teinte isabelle blanchâtre vers
l'origine des pennes caudales ; parties inférieures
d'un isabelle roussâtre ; chaque plume porte une
fine raie brune le long de la baguette ; ailes et
queue noires, cette dernière très-fourchue, et
les pennes latérales longues et subulées. Bec,
iris et pieds noirs. Longueur, sept pouces. Le
mâle.

La *femelle* ressemble au *mâle*, mais il lui

manque la calotte noire bleuâtre du sommet de la tête ; toute cette partie est roux de rouille.

HIRUNDO CAPENSIS. Gmel. *Syst.* 1. *p.* 1019. Lath. *Ind. Ornit. v.* 2. *p.* 574. *sp.* 6. — HIRONDELLE A TÊTE ROUSSE. Buff. *pl. enl.* 723. *fig.* 2. *la femelle.* — HIRONDELLE ROUSSELINE. Levaill. *Oiseaux d'Afrique. v.* 5. *pl.* 245. *fig.* 1. *le mâle.*—CAPE SWALLOW. Lath. *Syn. v.* 4. *p.* 566.

Remarque. Cette espèce a été prise erronément , par les naturalistes italiens , pour l'*Hirundo daurica*. N'ayant pu faire usage de la dénomination de *Capensis* pour un oiseau d'Europe , j'ai traduit en latin le nom de *Rousseline* donné par Levaillant.

Habite l'Afrique , principalement la partie méridionale ; se montre aussi en Égypte , et vient accidentellement , par troupe ou isolément , dans l'Archipel et en Sicile , où plusieurs individus ont été tués dans les environs de Palerme. En 1832 , on en prit plusieurs près du Phare de Messine. J'ai trouvé des individus de cette espèce dans les collections faites au Japon par M. Burger ; l'espèce doit y être peu abondante , puisque les Japonais ne lui donnent point de nom. Les trois individus du Japon ne diffèrent point de ceux tués au cap de Bonne-Espérance , ni des sujets de la Sicile.

Nourriture. Comme nos hirondelles.

Propagation. Au Cap, l'espèce vit et se propage comme notre *Hirondelle de cheminée*. La ponte est de quatre ou cinq œufs blancs , pointillés de brun.

HIRONDELLE DE FENÊTRE. — *H. URBICA.*

Ajoutez aux synonymes :

Atlas du Manuel, pl. lithog.—Naum. *Vög. Deut. Naturg. Neue Ausg. tab.* 145. *fig.* 2.—Vieill. *Faun. franç.* p. 135. *pl.* 60. *fig.* 1 et 2. — Roux. *Ornit. provenç. v.* 1. *p.* 234. *tab.* 144. *vieux et variété albine.* — BALESTRUCCIO. Savi. *Ornit. Tosc. v.* 1. *p.* 164. — HAUS , FENSTER und FELSEN- MEHLSCHWALBE. Brehm. *Vög. Deut.* p. 139.

HIRONDELLE DE RIVAGE. — *H. RIPARIA.*

Ajoutez aux synonymes :

Atlas du Manuel, pl. lithog.—Naum. *Vög. Deut. Naturg. Neue Ausg. tab.* 146. *fig.* 3 et 4. *mâle et jeune.* — Vieill. *Faun. franç.* p. 134. *pl.* 39. *fig.* 2. — Roux. *Ornit. provenç. v.* 1. *p.* 232. *tab.* 143. — TOPINO. Savi. *Ornit. Tosc. v.* 1. *p.* 166. — FLUSS HOCHKÖPFIGE und KLEIN- SCHÄBLIGE UFERSCHWALBE. Brehm. *Vög. Deut.* p. 142.

HIRONDELLE DE ROCHER. — *H. RUPESTRIS.*

Comme je n'ai pas décrit cette espece d'une manière assez précise , il me paraît qu'une nouvelle indication est devenue nécessaire ; on est , *par conséquent, invité à supprimer en partie celle fournie Manuel, page* 43o *.

Toutes les parties supérieures, les deux pennes du milieu de la queue et les barbes extérieures des autres pennes, d'un gris cendré très-clair ; les rémiges, les couvertures du dessous des ailes et celles très-longues de la queue, d'un gris-brun ; gorge, devant du cou et poitrine d'un blanc très-légèrement nuancé de roux-clair ; ventre et abdomen d'un gris terne ; toutes les pennes de la queue, excepté les deux du milieu, portent sur les barbes intérieures une tache ovale d'un blanc pur, plus grande sur les pennes du centre qu'aux latérales. Les pieds à tarses nus, bruns ; bec noirâtre. Longueur, cinq pouces. Le *vieux mâle.*

La *vieille femelle* a la gorge, le devant du cou et la poitrine d'un blanc mat, sans teinte d'un roux clair, comme dans le *mâle.*

La description du *jeune*, dans le *Manuel*,

---

* Ayant confondu l'*Hirondelle de rocher* avec l'*Hirondelle fauve* de Levaillant, il en est résulté que ma description manque d'exactitude : l'indication des *tarses emplumés* est aussi fautive.

p. 43r , est exacte ; mais il convient de supprimer comme telle la citation de l'*Hirondelle
fauve* de Levaillant, pl. 246, fig. r , vu que cet
oiseau forme une espèce distincte, quoique très-
voisine de l'*Hirondelle de rocher* ★.

Ajoutez aux synonymes ★★:

Naum. *Vög. Deut. Naturg. Neue Ausg. tab.* 146. *fig.* r et
2. *figures d'une exactitude parfaite, le vieux mâle et le jeune
de l'année.* — Hɪʀᴏɴᴅᴇʟʟᴇ ᴅᴇ ʀᴏᴄʜᴇʀ (Hirundo montana).
Vieill. *Faun. franç.* p. 133. *pl.* 39. *fig.* r. — Roux. *Ornit.
provenç. v.* r. *p.* 23r. *tab.* 142. figure qui paraît mal enluminée et les teintes trop sombres.—Fᴇʟsᴇɴᴜғᴇʀsᴄʜᴡᴀʟʙᴇ.
Brehm. *Vög. Deut. p.* 144. — Meyer. *Ornit. Taschenb.
v.* 3. *p.* 110. — Rᴏɴᴅɪɴᴇ ᴍᴏɴᴛᴀɴᴀ. Savi. *Ornit. Tosc.
v.* r. *p.* 167.

★ L'*Hirondelle fauve* du midi de l'Afrique est plus grande;
longueur, cinq pouces six lignes ; parties supérieures, côtés
du cou, flancs, abdomen et couvertures du dessous de la
queue, d'un brun enfumé ; rémiges et pennes de la queue
d'un brun noirâtre; couvertures du dessous des ailes roux
de rouille; gorge, devant du cou et poitrine d'un roux assez
vif; milieu du ventre d'un brun roux.

★★ Je ne puis citer ici comme exacte la planche de l'atlas
du Manuel; il paraît que le dessinateur s'est servi d'un
jeune sujet de l'*Hirondelle fauve* du midi de l'Afrique.

Ajoutez à *habite :*

L'Afrique septentrionale ; en Sicile , Sardaigne , Savoie , et en grand nombre dans les vallées du Valais ; on dit qu'elle vit aussi en Espagne.

~~~~~~~~~~~~~~~~~~~~

GENRE QUARANTE-DEUXIÈME.

MARTINET. — *CYPSELUS.*

Caractères. Voyez *Manuel*, page 432.

MARTINET A VENTRE BLANC. — *C. ALPINUS.*

Ajoutez aux synonymes :

Atlas du Manuel, pl. lith.—Naum. *Vög. Deut. Naturg. Neue Ausg. tab.* 147. *fig.* 1.—Vieill. *Faun. franç. p.* 138. *pl.* 61. *fig.* 1. — Roux. *Ornit. provenç. v.* 1. *p.* 238. *tab.* 146.—Hochköpfiger und plattköpfiger alpensegler. Brehm. *Vög. Deut. p.* 134. — Rondone di mare. Savi. *Ornit. Tosc. v.* 1. *p.* 172.

MARTINET DE MURAILLE. — *C. MURARIUS.*

Ajoutez aux synonymes :

Atlas du Manuel, pl. lithog. — Naum. *Vög. Deut. Naturg. Neue Ausg. tab.* 147. *fig.* 1.—Martinet noir (Cypselus apus). Vieill. *Faun. franç. p.* 137. *pl.* 60. *fig.* 3. — Roux. *Ornit. provenç. v.* 1. *p.* 237. *tab.* 145. — Hoch-

KÖPFIGER und PLATTKÖPFIGER MAUERSEGLER. Brehm. *Vög.*
Deut. p. 13S. — RONDONE. Savi. *Ornit. Tosc. v.* I. *p.* 170.

M. Yarrell me marque que quatre individus
ont été tués, à différentes époques, en Angleterre.

~~~~~~~~~~~~~~~~~~~~~~~~

GENRE QUARANTE-TROISIÈME.

ENGOULEVENT. — *CAPRIMULGUS.*

Caractères. **Voyez** *Manuel*, **page** 435.

ENGOULEVENT ORDINAIRE. — *C. EUROPÆUS.*

Ajoutez aux synonymes :

Atlas du Manuel, pl. lithog. — Naum. *Vög. Deut.*
Naturg. Neue Ausg. tab. 148.—ENGOULEVENT COMMUN (Caprimulgus vulgaris). Vieill. *Faun. franç. p.* 14o. *pl.* 61.
fig. 2. — Roux. *Ornit. provenç. v.* I. *p.* 24o. *tab.* 147. —
GETÜPFELTER und GEFLECKTER ZIEGENMELKER. Brehm. *Vög.*
Deut. p. 13o. — NOTTOLONE. Savi. *Ornit. Tosc. v.* I.
p. 158.

ENGOULEVENT A COLLIER ROUX. — *C. RUFI*
COLLIS.

Ajoutez aux synonymes :

Atlas du Manuel, pl. lithog. — Vieill. *Faun. franç*

p. 142. *pl.* 62. *fig.* 2. — Roux. *Ornit. provenç. v.* 1. *p.* 242. *tab.* 148. — ROTHHÄLSIGER TAGSCHLÄFER. Meyer. *Ornit. Taschenb. v.* 3. *p.* 111.

Remarque. On assure que l'Engoulevent à queue étagée du Sénégal , CAPRIMULGUS CLIMACURUS (Engoulevent climacure.) Vieill. *Galerie des Oiseaux. v.* 1. *p.* 194. *pl.* 122, se trouve accidentellement en Europe, et a été vu en Provence; M. Roux tient ce témoignage d'une personne digne de foi ; « Mais , dit-il, n'ayant point eu moi-même sous les yeux un individu de cette espèce , je n'ai point osé me permettre de la décrire. » Nous imitons cette réserve , et signalons simplement la note qu'en fournit M. Roux . *Ornit. provençale . v.* 1. *p.*239.

FIN DE LA TROISIÈME PARTIE.

www.ingramcontent.com/pod-product-compliance
Lightning Source LLC
Chambersburg PA
CBHW061109220326
41599CB00024B/3973